国家“双高计划”水利水电建筑工程高水平专业群
活页式教材

土石坝施工与概算

主　编　韩晓育
副主编　张　旭　许晓瑞
主　审　张梦宇　王飞寒　吕桂军

黄河水利出版社
·郑州·

内 容 提 要

本书是国家“双高计划”水利水电建筑工程高水平专业群活页式教材,以工程项目为载体,基于工作过程编写了6大工作任务,内容包括施工条件分析、施工导流计划、土石坝施工、施工进度计划、施工总体布置、编制初步设计概算文件等。本书以实际工程案例为依托,构建典型学习任务,旨在培养学生土石坝施工组织设计的能力、编制水利工程造价文件的能力。本书针对高职院校水利类专业学生特点,按照由简单到复杂构建典型学习任务,在教学过程中融入思政案例,激发学生的大国工匠精神、精益求精的水利精神等;在本书编写过程中引入典型工程案例,以任务驱动和职业技能等级考试对接,具有很强的实用性和先进性。

本书可作为高职高专院校水利类专业的教材,也可供相关专业技术人员阅读参考。

图书在版编目(CIP)数据

土石坝施工与概算/韩晓育主编. —郑州:黄河水利出版社,2023.8

国家“双高计划”水利水电建筑工程高水平专业群活页式教材

ISBN 978-7-5509-3701-7

Ⅰ.①土… Ⅱ.①韩… Ⅲ.①土石坝-工程施工-概算-高等职业教育-教材 Ⅳ.①TV641

中国国家版本馆CIP数据核字(2023)第155723号

组稿编辑:王路平 电话:0371-66022212 E-mail:hhslwlp@163.com
田丽萍 66025553 912810592@qq.com

责任编辑:王璇 责任校对:王单飞 封面设计:李思璇 责任监制:常红昕

出版发行:黄河水利出版社

地址:河南省郑州市顺河路49号 邮政编码:450003

网址:www.yrcp.com E-mail:hhslcbs@126.com

发行部电话:0371-66020550、66028024

承印单位:河南匠心印刷有限公司

开本:787 mm×1 092 mm 1/16

印张:11.75

字数:270千字 印数:1—1 000

版次:2023年8月第1版 印次:2023年8月第1次印刷

定价:50.00元

前 言

本书是贯彻落实《国家职业教育改革实施方案》(国发〔2019〕4 号),《国务院关于加快发展现代职业教育的决定》(国发〔2014〕19 号),《水利部 教育部关于进一步推进水利职业教育改革发展的意见》(水人事〔2013〕121 号),中共中央办公厅、国务院办公厅印发的《关于推动现代职业教育高质量发展的意见》和中共中央办公厅、国务院办公厅印发的《关于深化现代职业教育体系建设改革的意见》等文件精神,基于工作过程编写的活页式教材。

本书以工程项目为载体,基于工作过程编写了 6 大工作任务,主要内容包括:施工条件分析、施工导流计划、土石坝施工、施工进度计划、施工总体布置、编制初步设计概算文件等。本书以实际工程案例为依托,构建典型学习任务;在编写过程中引入实际工程案例,以任务驱动和职业技能等级考试对接,注重实用性和先进性。

本书由黄河水利职业技术学院韩晓育担任主编,由黄河水利职业技术学院张旭、许晓瑞担任副主编,由黄河水利职业技术学院张梦宇、王飞寒、吕桂军担任主审。

本书编写人员及分工如下:韩晓育编写课程概述、工作任务 2、工作任务 3、工作任务 4、工作任务 6;张旭编写工作任务 5;许晓瑞编写工作任务 1。

本书在编写过程中,得到了水利企业专家、教授的支持和帮助,同时,参考了大量资料和相关规范,在此一并致以诚挚的谢意!

由于编者水平有限,书中难免存在错漏和不足之处,恳请广大读者批评指正。

编 者

2023 年 6 月

目录

课程概述

1 课程性质

土石坝施工与概算是水利类专业的一门专业核心技能课程，是职业岗位能力课程和证书课程（施工员、造价员）。它的任务是训练学生综合运用水利水电工程施工技术、水利工程施工组织与管理、水利工程造价与招投标等前导课程所学的知识、技能，运用已知具体工程实际条件，合理编制出施工组织设计文件和概算造价文件的能力。

土石坝施工与概算课程引入水利行业最新技术规范和标准，引入行业“四新”技术，在教学中以实际工程案例为项目背景，采用任务驱动方式组织教学，整个过程中做到以学生为中心，形成“教—学—练—做—创”一体化的教学模式，进而培养学生的自主学习能力，达到能综合运用所学知识解决土石坝施工与概算编制过程中相关问题的能力，对学生今后在水利水电工程等行业领域生产一线从事施工、管理、造价咨询等工作起到积极推动作用。通过本课程的学习，学生在完成项目任务的过程中整合施工与概算的知识点和技能，培养其综合应用所学知识和技能解决实际工作中问题的能力及为从事工作岗位能力的形成打下基础。改革传统重结果轻过程的考核方式，采用过程考核与实训成果考核相结合的方式。

本课程引入了以下行业定额及规范：

《水利工程营业税改征增值税计价依据调整办法》（办水总〔2016〕132 号）；

《水利工程设计概（估）算编制规定》（水利部水总〔2014〕429 号）；

《水利建筑工程概算定额》；

《水利工程施工机械台时费定额》；

《水利工程概预算补充定额》；

《水利水电设备安装工程概算定额》；

《水利工程工程量清单计价规范》（GB 50501—2007）；

《水利水电工程设计工程量计算规定》（SL 328—2005）；

《水利水电工程施工组织设计规范》（SL 303—2017）；

《碾压式土石坝施工规范》（DL/T 5129—2013）。

2 课程目标

通过本课程的学习,学生应能够达到以下目标:

系统掌握水利工程施工组织设计编制内容及步骤,掌握水利工程基础单价编制方法、建筑工程单价编制方法及程序,熟悉概算文件的组成和注意事项;通过融入责任担当、质量意识、安全意识、创新思维等课程思政元素,培养学生团队协作意识和细致严谨、认真负责的工作态度。

2.1 知识目标

(1)掌握土石坝施工度汛方案的选择和坝体分期填筑程序;
(2)掌握土石方料场规划原则、方法;
(3)掌握土石方上坝运输方式、要求;
(4)掌握土石坝坝基处理方法、坝体填筑方法和质量要求;
(5)掌握土石坝料物挖运综合机械化方案选择;
(6)掌握土石坝坝体填筑的方法、施工工艺及要求;
(7)掌握施工总进度计划编制步骤和方法;
(8)掌握施工总体布置的内容和要求;
(9)掌握土石坝初步设计概算文件编制方法及要求;
(10)掌握基础单价的编制方法及程序;
(11)掌握建筑工程单价编制方法及程序。

2.2 技能目标

(1)能针对具体工程条件选择合适的土石方施工机械、施工方法;
(2)会对土石方料场进行开采规划;
(3)能根据实际条件和要求选择合适的上坝交通运输方式;
(4)能进行导流建筑物的规划、设计;
(5)能根据现场条件选择合适的地基处理方法;
(6)能进行碾压式土石坝坝面施工组织设计;
(7)会编制土石坝设计概算书;
(8)能够正确选择和使用规范。

2.3 思政目标

(1)刻苦学习、团结协作;
(2)科学严谨、精益求精;
(3)爱岗敬业、积极创新;
(4)践行社会主义核心价值观和新时代水利精神。

3 工作项目(任务)

本课程以水利工程某土石坝施工组织设计和概算文件编制任务为导向,学习任务的设计体现生产企业典型工作任务。按照实际工程项目为载体的项目教学法组织教学,学生结合工程项目要求,模拟完成某土石坝的施工组织设计和概算文件的编制。

工作任务设计如表 0-1 所示。

表 0-1 工作任务设计

序号	工作任务	知识内容和要求	技能内容和要求
1	施工条件分析	根据设计材料、施工条件等,计算有效施工工日	掌握有效施工工日计算
2	施工导流计划	掌握土石坝施工导流方式及特点;掌握导流工程设计步骤与方法	能根据基本资料合理选择导流方式,并能进行导流规划布置,正确选择导流标准及设计流量;能根据基本资料正确进行截流设计
3	土石坝施工	掌握机械化施工方案的拟订方法;掌握土石坝施工质量控制的内容和方法	会拟订机械化施工方案,能合理进行坝面布置,制订坝体填筑质量控制措施
4	施工进度计划	掌握施工进度计划的分类;掌握土石坝施工进度编制方法;掌握施工总进度计划的编制步骤	能独立编制土石坝施工进度计划
5	施工总体布置	掌握施工总布置的内容及要求;掌握施工总体布置设计程序	能根据施工现场实际情况,独立进行施工总布置;能编制土石坝施工组织设计报告
6	初步设计概算文件编制	掌握土石坝概算文件的组成及编制方法	会进行土石坝概算文件的编制

4 组织形式

以校企合作为基础,以技能培养为核心,充分利用校企“双主体”育人环境,实现现代职业教育“五对接”目标。具体教学模式上,一方面,注重培养学生创新能力和信息化应用能力,根据水利水电建筑工程专业课程特点,推广应用项目教学、案例教学、工作过程导向教学“教—学—练—做—创”一体化教学等多样化的教学方法,利用信息化资源,实施启发式、讨论式、案例式等教学模式,充分激发学生的学习兴趣和积极性;建设"双创"、施工员、造价员等职业资格标准的特色专业技术技能课程,促进水利水电建筑工程骨干专业教育与创新创业教育、职业标准有机融合。另一方面,推进信息技术在教育教学中的应用,在教学中探索线上线下混合式教学手段;加强教育教学信息化建设,推动现代信息技术与教育教学的有机融合,实施"互联网+教育",教师利用水利水电建筑工程专业国家级教学资源库、水利工程施工技术国家精品在线开放课程、水利工程造价与招投标省级精品在线开放课程等建设成果和教学空间在线平台,利用智慧课堂等平台,探索线上线下混合式教学和翻转课堂等多样化的教学模式和教学方法,培养学生自主学习能力,提升教学质量。

同时,通过校企合作建立"校中企"和"企中校",充分利用校内外学徒培训基地对学徒进行专业技能训练和顶岗实训,学生利用学生与学徒双重身份,通过"学习—实践—再学习—再实践"这种螺旋递进式培养机制,经过教师、师傅的联合传授知识与技能,不断强化职业能力培养,增强学徒动手的实践性和可操作性,使学生逐步实现从学徒到准员工的角色转换。

4.1 教学方法

(1)课程教学模拟实际工程项目(土石坝)的施工组织设计、实际工程(土石坝)的概算文件编制,使课程的教学过程贴合工作实际。

(2)提供相关定额等教学资料。

(3)课程进行前,学生应熟悉土石坝施工有关规范。

(4)本课程综合训练应在教师指导下以小组协作方式进行,注重对学生查阅有关资料和独立解决问题的能力培养。

4.2 学习方法

按照学号顺序,每6~8名学生为一个小组,每小组设组长1名,每个小组的设计任务要求组内成员分工合作完成。小组成员进行分工协作,互相讨论设计方案,培养团队协作能力,小组间不得互相抄袭。

采用探究性学习、自主性学习、小组合作学习等。在实践学习过程中,要加强培养团结合作、科学严谨的态度,增强法律意识和合同意识。

4.3 教学条件

校内实训基地:水利工程施工项目管理实训室。

校外实训基地:充分利用本行业的企业资源,积极搭建校企合作平台,在工程招标投标代理机构、咨询公司等建立校外实训基地,满足学生参观及动手实践的需要,为学生在真实的职业环境下培养职业素养、提高职业技能提供有力的保障。

实训基地及条件要求如表0-2所示。

表 0-2 实训基地及条件要求

序号	实验实训场所名称	基本配置要求	功能说明
1	项目管理实训室	相关的施工规范、水利工程定额等	进行施工组织设计及概算文件编制
2	校外实训基地	工程招标文件、施工合同、初步设计文件等	对接实际工程概算文件编制

5 进程安排

本项目实训任务时间共计 4 周 20 个工作日。

课程进程设计如表 0-3 所示。

表 0-3 课程进程设计

序号	工作任务	参考时间/d
1	施工条件分析	1
2	施工导流计划	3
3	土石坝施工	4
4	施工进度计划	3
5	施工总体布置	2
6	初步设计概算文件编制	7

6 成果要求

(1)每位学生必须参加课程综合实训各个环节训练,不得弄虚作假或抄袭他人成果。

(2)课程综合实训期间应严格遵守“学生管理规定”中的有关条款,请假应由有关部门批准,指导教师确认后方可离开,学生无故离岗按旷课处理。

(3)每个学生应独立完成,对抄袭、代做等行为除严肃批评外,该设计以不及格论。

(4)成果要求:设计结束,学生应提交投标文件一份,要求誊写在标准的设计专用纸张上,字体工整、内容详细、表格条理清楚、排列有序。

7 考核评价

本课程将过程性评价与结果性评价相结合,学生自评与教师评价相结合,重点考察学生的综合应用能力。其中,过程性评价成绩占课程总成绩的 40%,结果性评价成绩占课程总成绩的 60%。

过程性评价具体包括学生出勤、实践过程及态度、实践任务完成情况、团结协作的能力等指标进行考核评价。结果性评价根据最终学生提交的各个工作任务完成情况给定成绩。

8 参考资源

8.1 教材资源

学习资料资源:水利造价类教材、水利施工类教材及其相关的习题集、实训指导书、学习参考书、行业定额及标准等。

8.2 网络资源

信息化教学资源:微课视频、多媒体课件、网络课程、工程图片、电子图书等。

(1)《水利工程施工技术》国家精品在线开放课程:

https://www.icourse163.org/course/YRCTI-1002126016? from=searchPage

(2)高等职业教育水利水电建筑工程专业教学资源库(水利工程施工技术):

https://www.icve.com.cn/portal_new/courseinfo/courseinfo.html? courseid=gau3apqpjo1mpmeyaagxxw

(3)《水利工程造价与招投标》省级精品在线开放课程:

https://www.icourse163.org/course/YRCTI-1003365030? from=searchPage

(4)智慧职教(云课堂):

http://www.icve.com.cn/portal/

工作任务1
施工条件分析

1　工作任务

根据以下工程基本条件，了解工程概况及相关工程条件资料，分类、整理、分析工程条件、自然条件、社会经济条件等对土石坝施工的影响，为后续选择施工方案、编制进度计划等工作提供依据。

1.1　工程概况

工程概况主要包括工程位置、主要作用和效益、主要规划设计数据，如总库容、有效库容，水库正常蓄水位、死水位、设计洪水位、校核洪水位，最大坝高、坝顶长度、坝顶宽度，装机容量、安装机组数量、单机容量，灌溉面积、供水能力、通航能力及主要工程量等。

1.2　主要编制依据

(1)可行性研究报告及审批意见；

(2)上级主管部门(或业主)对本工程施工工期的要求或意见；

(3)《水利水电工程施工组织设计规范》(SL 303—2017)、《水利水电工程初步设计报告编制规程》(SL 619—2013)、《碾压式土石坝施工规范》(DL/T 5129—2013)和其他有关规程、规范；

(4)工程所在地有关基本建设的法规和条例。

1.3　工程基本资料

某土石坝工程地处钱塘江支流上，为一发电为主，兼顾灌溉、防洪的水利枢纽工程。在坝型比较阶段，比较了混凝土重力坝和黏土心墙砂壳坝两个方案，采用黏土心墙砂壳坝较有优势，当按黏土心墙砂壳坝布置时，坝高 81 m，坝顶长度 370 m，设计正常高水位为 100 m，校核洪水位为 102 m，大坝属 2 级建筑物。

溢洪道布置在距坝 1 km 的左岸凹口处，为开敞正槽式，坝顶高程为 92 m，总宽 64 m，出口采用差动式鼻坎挑流消能。

引水式电站布置在右岸，引水洞长 525 m，直径 7 m，厂房安装 5 万 kW 的机组 2 台。

本工程工期暂定为4年,2002年准备,2003年开工,2006年年底发电(初始发电水位为80 m)。

坝址处流域面积2 610 km^2,坝址以上河流全长104 km,其中50 km为通航河道,常年有载重5~10 t木船和竹木筏过坝。坝址两岸是高山,山坡较陡。坝址河谷宽为200 m,河底高程25 m。两岸覆盖层较薄,基岩为石英砂岩,河床基岩较好,两岸岩石节理发育,风化较深。河床砂砾覆盖层厚0~3 m,平均为1.5 m。坝址上下游均为宽阔冲积台地,在上下游3~7 km的台地和河滩上,有满足筑坝要求的大量砂砾料。采取水上砂砾平均运距5.5 km;如就近采取水下砂砾,平均运距为3.5 km。黏土料在左岸下游7 km的王家村,高程为40~50 m,储量丰富,质量满足设计要求。

坝址处气候温和,雨量充沛,每年5~10月降雨较多,一般11月至次年4月底为枯水期。5、6月降雨量最大,占全年雨量的30%。坝址河流属山区性河流,洪水暴涨暴落,最大流量高达8 290 m^3/s,最小流量只有7~8 m^3/s。

各月最大瞬时流量见表1-1,典型年逐月平均流量见表1-2,坝区各种日降雨量统计见表1-3,坝区各种日平均气温统计见表1-4。

表1-1 各月最大瞬时流量 单位:m^3/s

频率	月份												
	1月	2月	3月	4月	5月	6月	7月	8月	9月	10月	11月	12月	全年
1%	1 860	1 670	2 440	3 780	5 530	8 290	5 060	7 550	4 840	2 395	3 065	2 070	8 290
2%	1 680	1 330	2 190	3 300	4 920	7 460	4 350	6 350	3 840	2 020	2 500	1 780	7 460
3%	1 500	1 140	1 920	2 800	3 250	6 150	3 380	4 740	3 350	1 540	1 770	1 195	6 150
4%	930	940	1 250	2 000	2 700	4 990	2 660	3 390	2 710	1 160	1 230	8 23	4 990

表1-2 典型年逐月平均流量 单位:m^3/s

月份	1月	2月	3月	4月	5月	6月	7月	8月	9月	10月	11月	12月	全年
平水年(50%)	19.8	80.0	71.8	86.3	122.5	277.0	134.8	92.8	73.7	91.7	23.9	27.6	89.9
丰水年(1%)	28.0	75.4	89.9	134.0	489.0	529.0	276.0	103.0	182.0	91.8	40.7	32.7	172.6
枯水年(80%)	11.5	13.9	61.0	81.7	114.0	163.0	102.4	88.9	72.9	71.8	17	15.3	67.8

表1-3 坝区各种日降雨量统计 单位:d

日降雨量/mm	月份												
	1月	2月	3月	4月	5月	6月	7月	8月	9月	10月	11月	12月	总计
<5	5	8	8	6	9	6	5	6	7	5	5	3	73
5~10	3	3	3	3	2	2	2	4	1	2	3	3	31
10~30	3	4	4	5	6	5	3	2	4	2	1	1	40
>30	1	0	1	1	3	2	2	1	2	1	0	0	14
合计	12	15	16	15	20	15	12	13	14	10	9	7	158

表 1-4　坝区各种日平均气温统计　　单位:d

气温/℃	月份											
	1 月	2 月	3 月	4 月	5 月	6 月	7 月	8 月	9 月	10 月	11 月	12 月
>30	0	0	0	0	0	3	10	4	1	0	0	0
<0	12	10	0	0	0	0	0	0	0	0	0	5
<-5	5	3	0	0	0	0	0	0	0	0	0	0
<-20	0	0	0	0	0	0	0	0	0	0	0	0

2　工作目标

(1)理解施工条件分析的意义；
(2)掌握施工条件分析的内容；
(3)掌握有效施工工日的统计计算方法；
(4)在分析研究基本资料的基础上,能够正确计算土石坝施工的有效施工工日；
(5)能够根据地形、地质、水文等工程基本资料,分析其对工程施工的影响。

3　任务分组

按照学号顺序,每 6~8 名学生为一个小组,每小组设组长 1 名,每个小组的设计任务要求组内成员保质保量完成。小组成员互相讨论设计方案,培养团队协作能力,小组间不得互相抄袭。

学生任务分组表

班级		组号		指导教师	
姓名		学号		工作日期	
任务分工					
提交成果					

4　引导问题

(1)编制水利工程施工组织设计之前要进行哪些准备工作？

(2)编制水利工程施工组织设计时,为什么要进行施工条件分析?

(3)土石坝工程施工与房屋建筑、市政等工程施工有哪些不同的特点?

(4)我国现行法定假日有哪些?一年共有多少天的法定假日?

5 工作计划

根据小组任务分工和收集到的信息资料,制订土石坝施工条件分析的工作计划,利用流程图或者其他形式进行表示。

6 进度决策

分组汇报各组制订的工作计划,小组互评、教师点评,确定土石坝施工条件分析的工作计划,为任务实施做好准备。

7 工作实施

(1)工程概况收集。

认真收集本工程的规模、位置、组成、施工内容、功能、主要规划设计数据等要素,分析各因素对工程施工的影响,研究编制施工组织设计时应考虑的问题。如进行导流标准的确定,需要考虑该工程的规模、主体建筑物的级别及类型等因素。

具体工程规划设计数据包括水库总库容、有效库容,水库正常蓄水位、死水位、设计洪水位、校核洪水位,最大坝高、坝顶长度、坝顶宽度,装机容量、安装机组数量、单机容量,灌溉面积、供水能力、通航能力及主要工程量等。

(2)地形条件分析。

①收集整理坝址河谷形态、坡降、常水位、水面宽度、水深等资料,收集整理坝址及建筑物布置区的地形图。

②收集整理工程所在地行政区规划图。

③收集整理施工现场区 1/2 000 地形图,三角水准网点等测绘资料。

研究工程所在地的位置和周边地形情况,分析可利用的场地面积及其利用条件。比如施工工区的布置和生活、办公营地的选址,需要考虑场地面积、场地平整工程量;布置形式选择集中布置还是分散布置等。

(3)地质条件分析。

收集坝址及主要建筑物的地质概况资料,主要建筑物的地质平面图、剖面图。

①施工现场范围内进行地质测绘(1/2 000)。

②绘制场区地下水位埋深等值线。

③确定本工程地震基本烈度和设防烈度。

(4)水文条件分析。

收集整理坝址处各频率设计洪水资料。

①确定坝址全年洪水和枯水时段洪水的频率—流量关系,分别如表 1-5、表 1-6 所示。

表 1-5　坝址全年洪水频率—流量关系　　单位:m^3/s

时段	频率/%		
	5	10	20
全年			
枯水期			
⋮			

表 1-6　坝址不同枯水时段洪水频率—流量关系　　单位:m^3/s

时段	1%	2%	5%	10%	20%
9 月 1 日至次年 3 月 31 日					
9 月 1 日至次年 4 月 30 日					
⋮					

②坝址历年逐月不同频率平均流量如表 1-7 所示。

表 1-7　坝址历年逐月不同频率平均流量　　单位:m^3/s

月份	1%	2%	5%	10%	20%
1 月					
2 月					
⋮					

③坝址逐月不同频率平均流量如表 1-8 所示。

表 1-8　坝址逐月不同频率平均流量　　单位：m^3/s

频率	1 月	2 月	3 月	4 月	5 月	6 月	7 月	8 月	9 月	10 月	11 月	12 月	全年
平水年（50%）													
丰水年（1%）													
枯水年（80%）													

④一定频率洪水过程线。如图 1-1 所示为坝址处不同频率洪水过程线。

⑤坝址水位—流量关系曲线如图 1-2 所示。

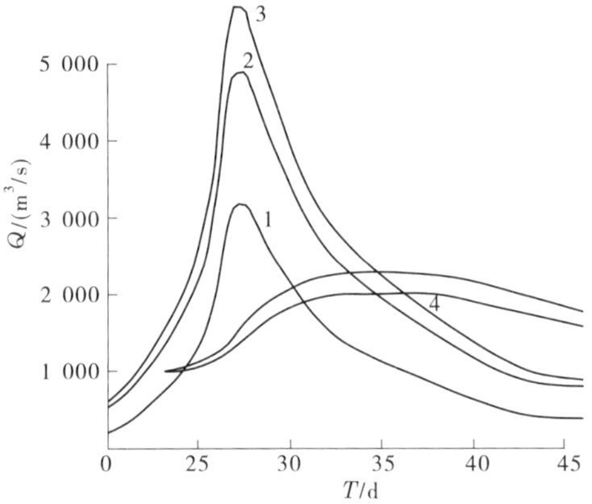

图 1-1　坝址处不同频率洪水过程线

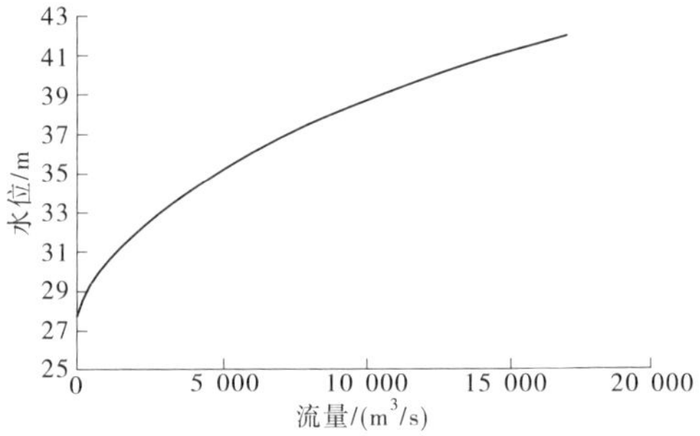

图 1-2　坝址水位—流量关系曲线

⑥水库水位—面积、水库水位—库容关系曲线分别如图 1-3、图 1-4 所示。

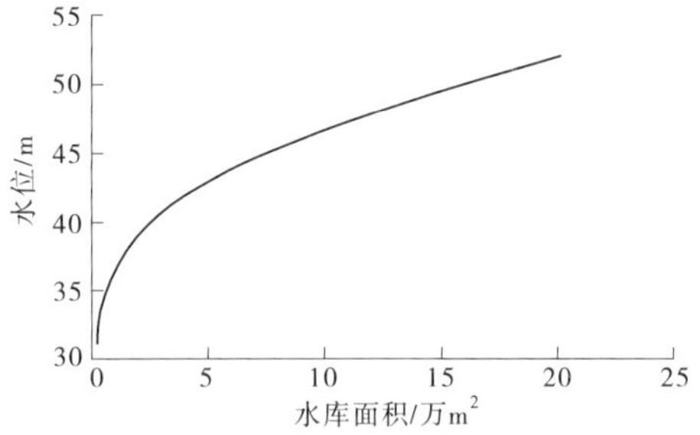

图 1-3　水库水位—面积关系曲线

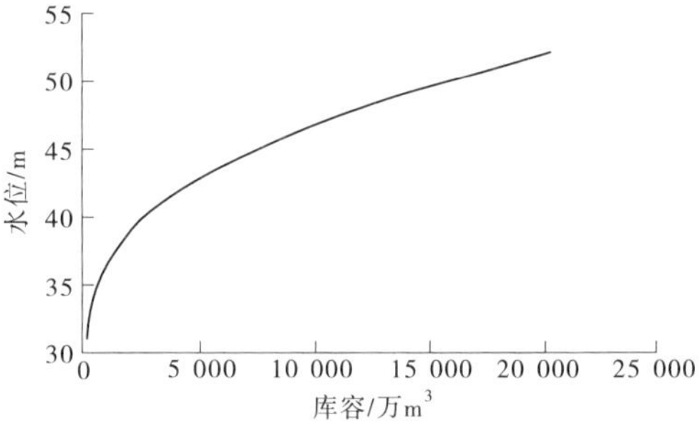

图 1-4　水库水位—库容关系曲线

（5）气象条件分析。

①收集整理坝址气温、水温特征资料，如冰冻期月数、结冰厚度，坝址气温与水温见表 1-9。

表 1-9　坝址气温与水温　　单位:℃

项目	月份											
	1 月	2 月	3 月	4 月	5 月	6 月	7 月	8 月	9 月	10 月	11 月	12 月
月平均气温												
月平均水温												

②收集整理坝址历年各月平均降水天数(见表 1-10)、年最大降水量、最大降水强度。

表 1-10　坝址处各月平均降水天数　　单位:d

日降水量/mm	1 月	2 月	3 月	4 月	5 月	6 月	7 月	8 月	9 月	10 月	11 月	12 月
0~0.5 mm												
0.5~5 mm												
5~10 mm												
10~30 mm												
>30 mm												

③收集整理坝址其他气象资料特征,如多年平均最大风速、风向、最大冻土深度等。

(6)交通条件分析。

①对外交通条件分析。

调查收集坝址周边的公路、铁路、水运交通条件资料,结合当地交通运输发展规划,分析工程所在地可以利用的交通条件和相关交通运输设施资料情况。

调查主要外来物资的运输要求和重大件运输要求。

调查工程所在地与国家(地方)交通干线的连接条件,以及场内、外交通的衔接条件。

调查转运站及主要桥涵、渡口、码头、站场、隧道等的建设条件。

②场内运输条件分析。

调查现有交通设施情况,结合坝址周边地形条件和料场位置,初步比较选择弃渣、存渣区域,分析场内交通运输的主要方式和物料流向。

(7)建筑材料及资源供应条件分析。

收集、分析拟选土石料场的储量及规模资料,根据土石坝坝体工程量估算出需要的自然方和松方工程量。

调查工程所在地周边钢材、水泥、火工材料等物资的供应条件。

调查工程用水、用电、通信及劳动力等供应条件。

8　评价反馈

主要包括组内、组间学生相互检查评价,教师检查评价等。学生自评占 50%、教师评价占 50%,分别如表 1-11、表 1-12 所示。

表 1-11　学生自评表

班级		姓名		学号	
学习任务 1	施工条件分析				
评价项目	评价标准			分值	得分
施工条件分析	能够分析并掌握本工程特点、施工条件等			40	
有效施工工日	熟练掌握有效施工工日的统计计算方法			60	
	合计			100	

表 1-12　教师评价表

班级		姓名		学号	
学习任务 1	施工条件分析				
评价项目	评价标准			分值	得分
平时表现	出勤、课堂表现、团队合作情况			40	
成果评价	施工条件分析及确定有效施工工日			60	
	合计			100	

9　相关知识点

施工天数是确定施工强度、编制施工进度计划的基本资料之一。目前,安排施工进度多以月为时间单位,因而施工天数应分不同筑坝材料分别按月份分析确定。

碾压式土石坝采取一般防护措施的停工标准和其他原因停工标准分别如表 1-13、表 1-14 所示。

9.1　停工标准的拟定

此处内容省略,可参照其他相关内容。

9.2　有效施工工日的统计方法

(1)收集气象资料。包括历年逐日降雨资料,历年逐日平均气温资料,历年各月阴天、风力、风速资料,历年逐日蒸发量资料,历年各月相对湿度资料。

(2)统计历年各月由于降雨而停工的工日数。根据历年逐日降雨资料和拟定的停工标准,分别统计黏土备料、黏土料填筑、砂砾料开采和填筑、坡积料填筑。

(3)统计历年各月气温、大风和其他因素影响而停工的工日数。统计方法与因雨停工相同。

(4)统计有效施工工日。

表 1-13　碾压式土石坝采取一般防护措施的停工标准

序号	施工项目	停工标准											备注
		日降水量/mm					日蒸发量小于 4 mm	平均气温/℃					
		0~0.5	0.5~5	5~10	10~30	>30		>5	5~0	0~-5	-5~-10	<-10	
1	土料翻晒	雨日停工	雨日停工	雨日停工	雨日停工,雨后停 1 d	雨日停工,雨后停 1 d	停工	照常施工	照常施工	防护施工	防护施工	停工	—
2	黏土料填筑	照常施工	雨日停工	雨日停工,雨后停 0.5 d	雨日停工,雨后停 1 d	雨日停工,雨后停 2 d	—	照常施工	照常施工	防护施工	防护施工	停工	—
3	砾质土、掺合土、风化土填筑	照常施工	照常施工	雨日停工	雨日停工,雨后停 0.5 d	雨日停工,雨后停 1 d	—	照常施工	照常施工	防护施工	防护施工	停工	—
4	反滤料、垫层料填筑	照常施工	照常施工	照常施工	雨日停工	雨日停工	—	照常施工	照常施工	防护施工	防护施工	停工	当与防渗料同时施工时,有效施工天数同防渗料施工天数
5	石料填筑	照常施工	照常施工	照常施工	照常施工	雨后停工	—	照常施工	照常施工	防护施工	防护施工	停工	—
6	碾压沥青混凝土填筑	照常施工	照常施工	雨日停工	雨日停工	雨日停工	—	根据具体气温和风速确定	防护施工	防护施工	停工	停工	气温>15 ℃,照常施工;气温 5~15 ℃,风力大于 4 级停工,风力小于或等于 4 级施工

注:统计雨后加停日数时,按连续降雨考虑。假如某月 10~30 mm 的降水量有 3 d,黏土料填筑的停工日数为(3+1)d,若降水量既有 10~30 mm,又有大于 30 mm,则统计停工日数时,只统计降水量大的加停工日数;假如某月 10~30 mm 的降水量有 3 d,大于 30 mm 的降水量有 1 d,则黏土料填筑的停工日数为(4+2)d。

表 1-14 其他原因停工标准

项目	停工标准	
负气温	土料填筑	无防冻措施，日平均气温低于-1 ℃，当日停工；当日最低气温在-10 ℃以下，或当日最低气温在 0 ℃以下且风速大于 10 m/s 时，当日停工，应根据防冻措施效能确定
	坝料填筑	用加水法施工，同上料施工标准；不加水施工，如压实结冰后，坝料的干密度不能满足设计要求时，停止填筑
高气温	按劳动法执行：气温超过 40 ℃且持续时间超过 4 h，停工 1 班(8 h)	
雾天、大风(6 级以上)	根据当地资料确定停工天数	
汛期	当采用河漫滩料场、汛期内料场可能被水淹时，应根据洪水情况进行分析计算，确定停工参数	
节假日	按国家法令规定执行	
停电	当用电设备由系统供电时，按供电系统定期检修停电需要，确定停工天数	
进度计划停工	随计划安排而定，如工序衔接的计划停工	

9.3 有效施工工日的选取

对有效施工工日影响最大的是降雨(在我国北方是气温)，因降雨而影响停工的工日数，可以有不同的选取方法。当降雨资料系列较短时，以选取多雨年为宜；当降雨资料系列较长时，可选取多年平均值作为设计依据，而以多雨年的有效施工工日作为研究施工措施时的备用情况。

9.4 有效施工工日的计算

坝料填筑施工工日数可根据各月的日历天数扣除停工工日数统计计算，并参考已建工程拟定的施工工日数综合分析确定。统计计算见表 1-15。

表 1-15 统计计算

项目	1 月	2 月	3 月	4 月	5 月	6 月	7 月	8 月	9 月	10 月	11 月	12 月
日历天数/d	31	28/29	31	30	31	30	31	31	30	31	30	31
法定假日												
因雨停工												
因气温停工												
其他原因停工												
有效施工工日												

工作任务2
施工导流计划

1　工作任务

根据已给土石坝工程基本资料，选定导流标准、拟订导流方案、进行导流工程的规划与设计。

2　工作目标

（1）掌握土石坝施工导流方式的分类、特点及适用条件；
（2）掌握导流建筑物的类型及设计内容；
（3）理解导流建筑物的设计方法及过程；
（4）掌握截流方法及适用条件；
（5）在分析研究基本资料的基础上，能够合理设计导流方案；
（6）能够根据地形、地质、水文等基本资料合理选择导流方式，并能进行导流规划布置；
（7）能根据基本资料正确进行截流设计；
（8）能够选择合适的基坑排水方式，并进行合理排水布置。

3　任务分组

按照学号顺序，每 6~8 名学生为一个小组，每小组设组长 1 名，每个小组的设计任务要求组内成员保质保量完成。小组成员互相讨论设计方案，培养团队协作能力，小组间不得互相抄袭。

学生任务分组表

班级		组号		指导教师	
姓名		学号		工作日期	
任务分工					
提交成果					

4 引导问题

(1)简述常用的施工导流方式。

(2)简述导流建筑物的设计内容及设计流程。

(3)简述常用的截流方法及其适用条件。

(4)降低截流难度的措施有哪些?

5 工作计划

根据小组任务分工和收集到的信息资料,制订该碾压土石坝施工导流方案编制的工作计划,利用流程图或者其他形式进行表示。

6　进度决策

分组汇报各组制订的工作计划，小组互评、教师点评，确定土石坝施工导流计划，为任务实施做好准备。

7　工作实施

7.1　确定导流设计洪水标准

(1)根据《水利水电工程等级划分及洪水标准》(SL 252—2017)的相关规定，划分导流建筑物级别。

(2)结合水文资料和坝体施工进度要求，划分导流时段。

(3)根据《水利水电工程等级划分及洪水标准》(SL 252—2017)的相关规定，确定本工程施工导流标准。

7.2　拟订导流方案

根据河流水文特性，地形、地质条件，施工进度要求，施工安全要求，永久建筑物组成、结构，通航、供水、排冰等要求，施工过程中水流控制各阶段衔接需要等因素，结合《水利水电工程施工组织设计规范》(SL 303—2017)的相关规定，选择合适的导流方式。

7.3　划分导流时段和大坝施工分期

按照导流程序划分的各施工阶段持续的时间，进行施工时段的划分，在全面分析枢组布置、导流方式、施工期度汛要求、各相关项目工期要求和开工、截流及拦洪等关键节点目标的基础上，选择技术可行、经济合理并能使工程尽早发挥效益的导流时段。

7.4　导流建筑物设计

土石坝工程常用隧洞导流方案。隧洞导流方案需要规划设计导流隧洞的断面形式与尺寸，进出口的形式与布置，围堰的形式、尺寸和平面布置。

在隧洞设计时，一般先拟订出几个隧洞的断面尺寸，不同的底坎高程和不同的布置方案，进行技术经济比较，然后确定最优的隧洞断面和进出口底坎高程。在方案比较时，应分析研究的问题是：隧洞尺寸大小，底坎高程对拦洪水位及大坝合龙段施工的影响；隧洞尺寸，底坎高程对围堰及隧洞工程量的影响；通航过筏条件对工程截流的影响。

7.5　截流施工

截流施工包括以下内容：

(1)截流方式选择。

(2)截流材料选择、用量确定。

(3)截流时间确定。
(4)截流施工设计。

7.6 围堰施工

围堰施工包括以下内容：
(1)围堰基础处理。
(2)围堰修筑。

7.7 基坑排水

基坑排水包括以下内容：
(1)初期排水设计。
(2)经常性排水设计。

7.8 施工期度汛

根据施工进度估算汛前坝体高程，对比拦洪高程，判断是否需要采取度汛措施，选择采取哪些拦洪度汛措施。

8 评价反馈

主要包括组内、组间学生相互检查评价，教师检查评价等。学生自评占50%、教师评价占50%，分别如表2-1、表2-2所示。

表2-1 学生自评表

班级		姓名		学号	
学习任务1	施工导流计划				
评价项目	评价标准			分值	得分
导流建筑物级别划分	掌握导流建筑物级别划分			10	
导流洪水标准	能够合理选择导流洪水标准			10	
施工导流方式	能根据基本资料拟订施工导流方式			20	
导流时段划分	熟练掌握导流时段的划分			10	
大坝分期	熟练掌握土石坝施工分期			10	
导流隧洞规划布置	掌握导流隧洞的规划、布置方法和步骤			20	
围堰形式	掌握围堰形式及特点和尺寸，会选择围堰形式并能拟订围堰尺寸			20	
	合计			100	

表 2-2　教师评价表

班级		姓名		学号	
学习任务 1	施工导流计划				
评价项目	评价标准			分值	得分
平时表现	出勤、课堂表现、团队合作情况			40	
成果评价	确定合理的导流标准、拟订导流方案、进行导流规划与设计			60	
	合计			100	

9　相关知识点

9.1　确定导流设计洪水标准

导流标准是进行施工导流计算、确定导流建筑物尺寸和建筑结构设计的依据。导流标准的高低关系工程和下游人民生命财产及工农业生产的安全，也关系工程造价和工期。

导流标准包括围堰挡水、坝体施工期临时挡水、导流泄水建筑物封堵和水库蓄水等三个基本阶段。围堰挡水称为初期导流，坝体挡水和封堵蓄水称为后期导流。一般，初期导流失事只影响围堰和基坑工程施工；而后期导流失事，则危及大坝及下游城镇安全，造成的损失比初期导流大得多。

9.1.1　导流建筑物级别

导流建筑物的等级是确定洪水标准和建筑物结构设计的依据。根据我国的实际情况，规范规定导流建筑物划分级别分为 3～5 三级，一般为 4 级和 5 级。具体划分按表 2-3 所列各项指标确定，其中 4、5 级导流建筑物应按表 2-3 列的四项指标中的最高级别确定，而 3 级导流建筑物要求有两项以上的指标满足该级要求。

根据不同的导流分期，按表 2-3 划分导流建筑物级别；同一导流分期中的各导流建筑物级别，应根据其不同作用和型式可选择不同级别；各导流建筑物的洪水标准应相同，以主要挡水建筑物的洪水标准为准。

表 2-3　导流建筑物级别的划分

级别	项目			导流建筑物规模	
	保护对象	失事后果	使用年限/年	围堰高度/m	库容/亿 m^3
3	有特殊要求的 1 级永久性水工建筑物	淹没重要城镇、工矿企业、交通干线或推迟工程总工期及第一台(批)机组发电,造成重大灾害和损失	>3	>50	>1.0
4	1、2 级永久性水工建筑物	淹没一般城镇、工矿企业或影响工程总工期和第一台(批)机组发电,造成较大经济损失	≤3,≥1.5	≤50,≥15	≤1.0,≥0.1
5	3、4 级永久性水工建筑物	淹没基坑,但对总工期及第一台(批)机组发电影响不大,经济损失较小	<1.5	<15	<0.1

注:1. 导流建筑物包括挡水建筑物和泄水建筑物,两者级别相同;
2. 表列四项指标均按导流分期划分,保护对象一栏中所列永久性水工建筑物级别按《水利水电工程等级划分及洪水标准》(SL 252—2017)划分;
3. 有、无特殊要求的永久性水工建筑物均针对施工期而言,有特殊要求的 1 级永久性水工建筑物指施工期不应过水的土石坝及其他有特殊要求的永久性水工建筑物;
4. 使用年限指导流建筑物每一导流分期的工作年限,两个或两个以上导流分期共用的导流建筑物,如分期导流一期、二期共用的纵向围堰,其使用年限不能叠加计算;
5. 导流建筑物规模一栏中,围堰高度指挡水围堰最大高度,库容指堰前设计水位所拦蓄的水量,两者应同时满足。

9.1.2　洪水标准

导流建筑物的设计洪水标准是根据导流建筑物的级别和类型,根据表 2-4 选定的,该表既适用于洪水期,也适用于枯水期。当导流建筑物与永久性水工建筑物结合时,导流建筑物设计级别与洪水标准仍应按表 2-3 及表 2-4 规定执行;但成为永久性水工建筑物部分的结构设计应采用永久性水工建筑物级别标准。

表 2-4　导流建筑物的洪水标准

导流建筑物类型	导流建筑物的级别		
	3	4	5
	洪水重现期/年		
土石结构	50~20	20~10	10~5
混凝土、浆砌石结构	20~10	10~5	5~3

注：在下列情况下，导流建筑物洪水标准可用表中的上限值：

(1)河流水文实测资料系列较短(小于 20 年)，或工程处于暴雨中心区；

(2)采用新型围堰结构形式；

(3)处于关键施工阶段，失事后可能导致严重后果；

(4)工程规模、投资和技术难度用上限值与下限值相差不大；

(5)在导流建筑物级别划分中属于本级别上限。

9.1.3　坝体临时挡水度汛

当坝体填筑高程超过围堰堰顶高程时，坝体临时度汛洪水标准应根据坝型及坝前拦洪库容按表 2-5 选定。

表 2-5　坝体施工期临时度汛洪水标准

坝型	拦洪库容/亿 m^3		
	>1.0	1.0~0.1	<0.1
	洪水重现期/年		
土石类	>100	100~50	50~20
混凝土类	<50	50~20	20~10

9.1.4　导流泄水建筑物封堵与水库蓄水标准

9.1.4.1　封堵的下闸设计流量

导流泄水建筑物的封堵时间应在满足水库拦洪蓄水要求的前提下，根据施工总进度确定。封堵下闸的设计流量可用封堵时段 5~10 年重现期的月或旬平均流量，或按实测水文统计资料分析确定。

封堵工程在施工期间的导流设计标准，可根据工程重要性、失事后果等因素在该时段 5~20 年重现期范围内选定。

9.1.4.2　封堵后坝体度汛标准

导流泄水建筑物封堵后，如永久性泄洪建筑物尚未具备设计泄洪能力，坝体度汛洪水标准应分析坝体施工和运行要求后按表 2-6 规定的标准选用。汛前坝体上升高度应满足拦洪要求。

表 2-6 导流泄水建筑物封堵后坝体度汛标准

永久建筑物类型		大坝级别		
		1	2	3
		洪水重现期/年		
混凝土类	设计	200~100	100~50	50~20
	校核	500~200	200~100	100~50
土石类	设计	500~100	200~100	100~50
	校核	1 000~500	500~200	200~100

9.1.4.3 水库蓄水标准

水库施工期蓄水标准应根据发电、灌溉、通航、供水等要求和大坝安全加高值等因素分析确定，保证率宜为 75%~85%。

在导流建筑物封堵、水库施工期蓄水过程中，应满足下游必需的供水要求。

9.1.5 截流标准

截流标准可采用截流时段重现期 5~10 年的月或旬平均流量，下列情况截流标准及截流设计流量也可按下列方法选取：

(1)在有 20 年以上的水文实测资料的河道，截流设计流量可采用实测资料分析确定。

(2)若由于上、下游梯级水库的调蓄作用而改变了河道的水文特性，则截流设计流量宜经专门论证确定。

9.1.6 导流度汛标准案例

部分土石坝导流度汛标准见表 2-7，不同时段所运用的导流泄水建筑物有所不同。

9.2 拟订导流方案

9.2.1 导流方案与施工分期

导流方案是指不同施工阶段导流方式的组合。按照导流方式的不同，一般将工程施工期划分为初期导流、施工期临时度汛、施工运用三个阶段。由此可知，水利工程施工分期与导流关系十分密切，二者既相互制约又相辅相成。

分期导流和明渠导流方案多用于混凝土坝和浆砌石坝，土石坝一般用隧洞或涵管导流方案。

9.2.1.1 导流方案

1. 隧洞导流方案

隧洞导流方案适用于各种坝型。在河谷狭窄、没有条件布置纵向围堰或导流明渠的坝址，常采用隧洞导流方案。其施工程序是：建成导流隧洞后，上、下游围堰一次拦断河床，形成基坑，进行坝基开挖处理，而后，坝体全断面升高。隧洞导流施工程序见图 2-1，土石坝导流阶段划分及施工任务见表 2-8，黑河坝施工分期及各阶段主要目标见表 2-9。

表 2-7　部分土石坝导流度汛标准

坝名	坝的级别	坝型	坝高/m	坝体积/万 m^3	导流方式	上游围堰		导流工程级别	度汛标准(重现期)/年				进行截流—拦洪—竣工所用的时间/(年-月)	临时断面型式
						类别	高度/m		初期导流	截流后第一汛期	截流后第二汛期	截流后第三汛期		
碧口	2	心墙	101	397	隧洞	土石				14 年实测最大	20(设计) 50(校核)	50(设计) 100(校核)	1971-03—1976-12	上游坝体
石头河	2	心墙	114	835	分期+隧洞	土石	6	4	20	50	100		1976-09—1977-07—1981-05	中部坝体
升钟	2	心墙	79	350	隧洞					100	300		1977-12—1983	
鲁布革	1	风化料心墙	103.8	396	隧洞	风化料斜墙堆石	47	3	20	20	50	100	1985-11—1986-07—1988	上游坝体
小山	2	混凝土面板	86.3	143	隧洞	土石	30		10	10	50		1994-11—1995-07—1997	上游坝体
小浪底	1	斜心墙	154	4 900	分期+隧洞	土石	57	3	枯 20	100	300	1 000	1997-10—1998-06—2001-07	上游及中部坝体
黑河	1	心墙	130	820	隧洞	面板堆石	54.5	4	10	20	100	200	1998-11—1999-06—2001-12	上游坝体
冶勒	1	沥青混凝土心墙	125.5	611	隧洞	土斜墙堆石	29	4	5	20(围堰)	50	100	2002-11—2003-04—2005-12	

注:1. 小浪底坝右岸施工一期纵向围堰度汛标准为 20 年一遇洪水;二期度汛围堰按Ⅲ级、枯水围堰按Ⅳ级设计;大坝由于采取加速施工的措施,第二汛期的度汛标准提高到接近 500 年一遇;

2. 黑河坝截流后第一汛期为高围堰拦洪,第二汛期为临时断面拦洪,汛后导流洞封堵,第三汛期也为临时断面拦洪,泄洪洞具备过水条件;

3. 碧口坝截流后第四汛期度汛标准为 100 年重现期设计、200 年重现期校核,第五汛期度汛标准为 150 年重现期设计、500 年重现期校核。

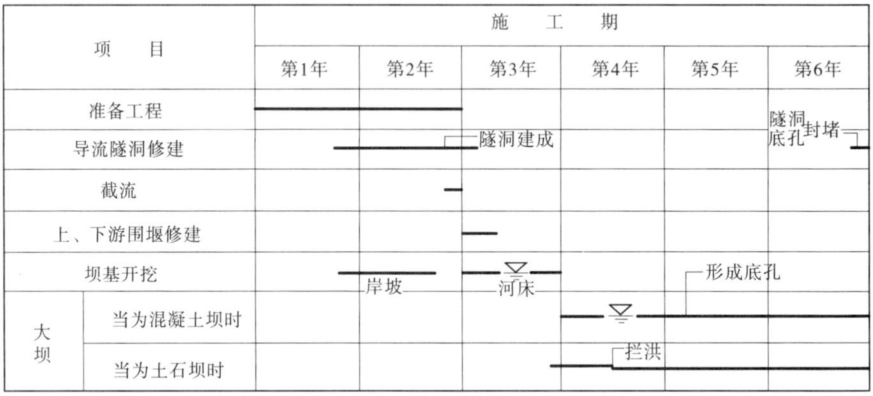

图 2-1 隧洞导流施工程序

表 2-8 土石坝导流阶段划分及施工任务

导流方式		初期导流阶段		施工期临时度汛阶段	施工运用阶段[2]
		截流前期	截流拦洪期		
隧洞一次导流	时段	开工至截流	截流至坝体第一次拦洪[1]	截流拦洪期末至临时导流泄水建筑物封堵	临时导流泄水建筑物封堵至大坝完建
	任务	两岸削坡及处理;台地区域部分填筑;截流	围堰修筑,河床部分清基、开挖、地基处理;坝体填筑,在汛前达到拦洪高程	坝体逐年汛前达到施工设计安排的填筑高程,完成相应的加高、培厚与护坡等工程	封堵后,汛前坝体达设计度汛高程;继续完成坝体填筑及上、下护坡
分期导流	时段	开工至二期坝段截流	截流至坝体第一次拦洪	同第一次断流方式	同第一次断流方式
	任务	两岸削坡;一期围护坝段清基、开挖、处理,坝体填筑;二期坝段截流	围堰修筑,二期围护部分清基、开挖、处理;坝体填筑,汛前达到拦洪高程	同第一次断流方式	同第一次断流方式

注:1. 含堰坝结合及围堰拦洪方式。

2. 在大型工程中,也可以增加一个分期的安排,即大坝填筑到坝顶后至全部完建的工程验收尾期。

表 2-9　黑河坝施工分期及各阶段主要目标

施工分期	导流阶段		施工度汛阶段	施工运用阶段
	截流前期	截流拦洪期		
	Ⅰ	Ⅱ	Ⅲ	Ⅳ
时段	1996-01 ~ 1998-09	1998-10 ~ 1999-06	1999-07 ~ 2000-10	2000-11 ~ 2001-12
主要目标	进场、临时建设设施修建，导流洞修建，坝肩开挖处理，河床段坝基帷幕灌浆，料场复查、准备，1998 年 10 月实施截流	修筑上下游围堰，坝基清理、心墙基础开挖及浇筑混凝土盖板，帷幕灌浆补强处理。填筑坝体上游临时断面(高水围堰)；1999 年 6 月上游临时断面达 527 m 高程，拦挡 20 年一遇洪水	自下而上浇筑两岸心墙混凝土盖板及帷幕灌浆，进行心墙及上下游坝壳填筑，2000 年 6 月上游临时断面达 543 m 高程，拦挡 50 年一遇洪水	2000 年 11 月封堵导流洞，全断面填筑坝体，2001 年 6 月达 581 m 高程，拦挡 200 年一遇洪水，2001 年 12 月坝体填筑结束，达 600 m 坝顶高程

注：该工程经过论证并报批，采用了截流前先对坝基进行帷幕灌浆，截流后实施坝基开挖、混凝土盖板浇筑，进行固结灌浆和盖板以下 15 m 帷幕复灌处理的施工方案。

2. 涵管导流方案

当河床相对较宽，且一岸具有布置涵管的地形、地质条件时，可采用涵管导流方案。与隧洞导流方案相比，涵管导流具有施工场面大、速度快、造价低的优点。其施工程序是：开工后首先修建涵管，涵管建成后进行导流、修建围堰、地基处理，而后填筑坝体。当河床较宽、地形条件容许时，可考虑先填筑涵管一岸的坝体，以减少拦洪坝体的填筑方量。涵管导流施工程序见图 2-2。

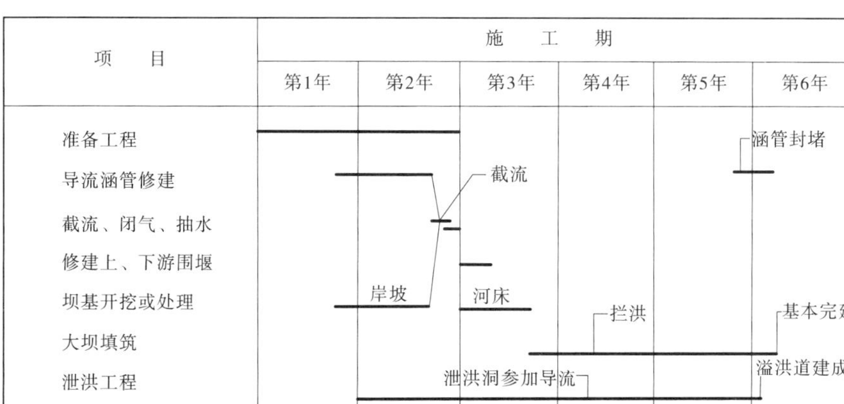

(a)一期导流

图 2-2　涵管导流施工程序

在拟订涵管导流施工程序时，需注意的问题同隧洞导流方案。

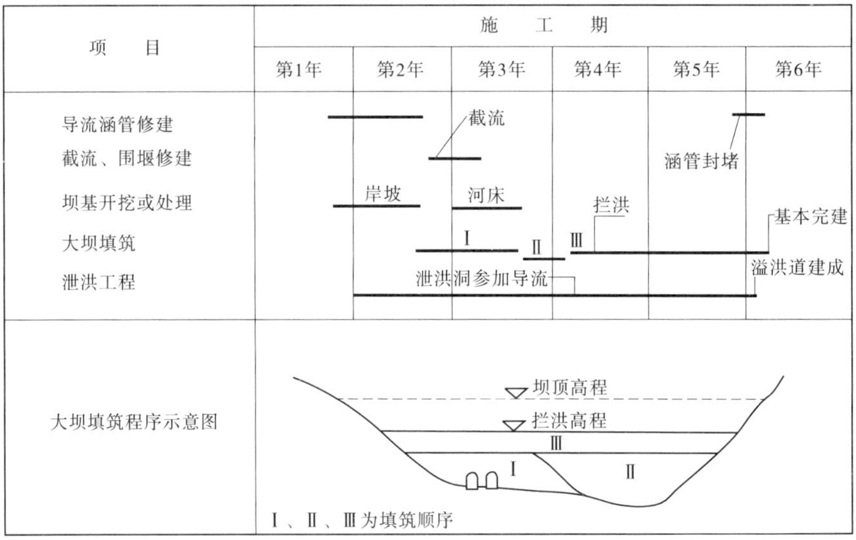

(b)二期导流

续图 2-2

3. 分期导流

对于河床较宽的坝址且工程量较大的工程,也可采用分两期导流方案。其施工程序是:将拦河坝分两期施工,第一期先围一岸,进行一期基坑施工,待形成导流条件后,进行二期围堰截流,形成二期基坑,修建二期坝体,直至大坝完建。土石坝导流阶段划分及施工任务见表 2-8,施工分期见表 2-10。

表 2-10 土石坝施工分期

施工分期	初期导流阶段		施工期临时度汛阶段		施工运用阶段
	截流前期(1)	截流拦洪期(2)			
	Ⅰ	Ⅱ	Ⅲ	Ⅳ	Ⅴ
时段	1994-06～1997-10	1997-11～1998-06	1998-07～1999-06	1999-07～2000-06	2000-07～2001-05
主要目标	修筑纵向围堰围护右岸,进行坝基开挖及防渗处理,坝体填筑到 261 m 高程(坝顶高程 281 m);左岸坡开挖处理,实施截流	修筑围堰、进行主河床清基,完成防渗墙及灌浆帷幕,进行围堰及坝体填筑,拦挡 100 年一遇的洪水	心墙区岸坡混凝土面处理,左岸山脊区进行开挖、地基帷幕灌浆,主坝填筑到拦挡设计 300 年一遇洪水、校核 500 年一遇洪水高程(部分小断面)	主坝持续快速填筑,达到拦挡 1 000 年一遇的洪水高程	完成剩余填筑量,施工坝顶结构物及坝顶公路,完成坝坡永久公路、马道、交通步梯及表面观测设置等

注:1. 该阶段还分为施工准备期和右岸施工期。
2. 该阶段又称河床抢工期。

9.2.1.2　大坝施工分期

土石坝可以采用全断面、临时断面、围堰拦洪或分期围堰填筑部分坝体等方法施工，以保证安全拦洪度汛。大坝施工分期方法如图 2-3 所示。

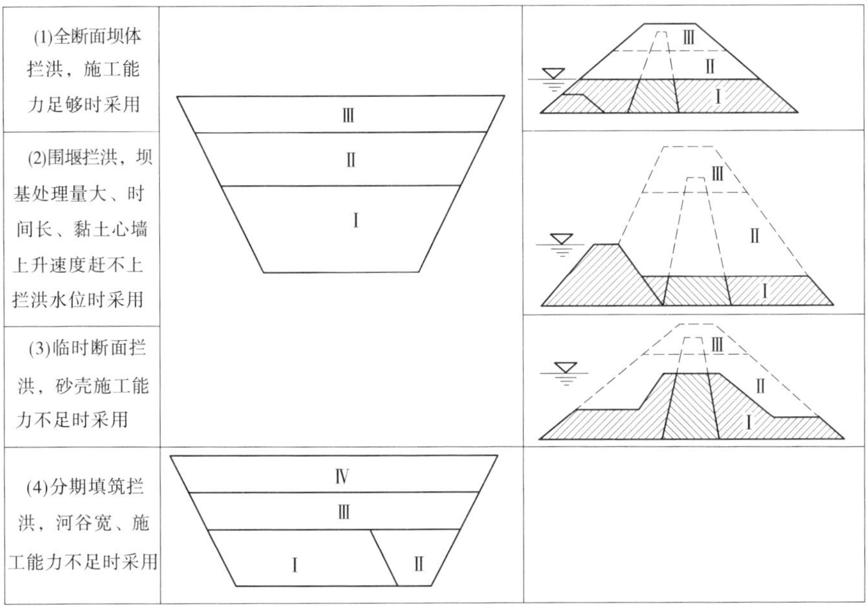

Ⅰ、Ⅱ、Ⅲ、Ⅳ—填筑顺序。

图 2-3　大坝施工分期方法

1. 大坝各期工程量计算

根据大坝分期按式(2-1)计算各期工程量，即

$$V = \frac{A_1 + A_2}{2}\Delta h \tag{2-1}$$

式中　V——计算部分坝体工程量，m^3；

A_1、A_2——计算部分坝体的下底面面积、上底面面积，m^2，根据坝体设计断面和地形计算，A_1、A_2 两断面间一般间隔 5 m，间隔越小，计算精度越高，在坝体变坡和马道部位应增加计算截面；

Δh——计算部分坝体的高度，即 A_1 和 A_2 间隔的距离，m。

上述计算公式可转化为表 2-11 进行坝体工程量计算。

2. 计算大坝各期平均施工强度

大坝各期平均施工强度可用式(2-2)计算：

$$Q = \frac{V}{T} \tag{2-2}$$

式中　Q——大坝各期平均施工强度，m^3/d；

V——施工各期填筑工程量，m^3；

T——该期实际有效施工天数，d。

表 2-11　坝体工程量计算

坝体高程/m	坝面面积/m^2	平均面积/m^2	上下高差/m	体积/m^3	累计体积/m^3	备注
332						332 m 高程以下坝体方量
337						
⋮						
350						马道处
354						变坡处
⋮						

按照各期施工强度大致均衡的原则，土石坝填筑期的月不均衡系数取值一般为 1.5，最大不超过 2.0，并在施工单位生产力允许的范围内，修改分期方案和各期坝体尺寸，或各期的填筑完工日期，直到满意。

9.2.2　导流时段划分

导流时段是按照导流程序划分的各施工阶段持续的时间。因此，导流时段划分也称施工时段的划分。

9.2.2.1　截流时段的选定

截流时段应根据河流水文特征、气候条件、围堰施工条件及通航等因素综合分析选定。为使截流容易可靠，宜安排在汛后枯水时段，严寒地区宜避开河道流冰及封冻期。当安排施工总进度时，除应考虑截流简易的条件外，还需考虑以下因素：

(1) 导流泄水建筑物的过水条件。当采用明渠、隧洞或涵管导流方案时，这些泄水建筑物应当建成，并具备通水条件。截流时段应安排在形成导流条件后的枯水期内。

(2) 围堰施工的要求。在大流量的河流上，围堰工程量较大，施工较艰巨。一般均要求在一个枯水期建成，在采用土石围堰时，围堰是在截流戗堤上进行加高形成的，此外，还要进行防渗处理；当采用混凝土围堰时，在截流闭气后，要进行基坑排水、围堰清基，而后进行混凝土浇筑。因此，应从枯水期末向前推算，据以确定河床截流时段。

(3) 土石坝工程在截流后到第一个汛前必须使坝体上升到拦洪高程，有时填筑强度很高，难以达到，此时应尽量提前截流，增加拦洪前的填筑时间，降低填筑强度。

一般情况下，截流时段均安排在进入枯水季节的初期，根据我国河流的特性，北方河流常定在 10~11 月，南方河流常定在 11~12 月。

9.2.2.2　围堰挡水时段的选定和坝体拦洪

围堰挡水时段一般有三种情况：

(1)围堰枯水期挡水，洪水期围堰失效，基坑施工时段为一个枯水期。此种方案适用于基坑工作量不大、一个枯水期能够完成河床坝基开挖和处理，并将坝体填筑到拦洪高程。这种方案在中、小工程中常见。

(2)围堰全年挡水，基坑和大坝可以常年施工。此种方案适用于基坑工作量大，一个枯水期不可能完成坝基开挖、处理，并将坝体达到拦洪高程。这种方案大坝的施工进度有保证，施工强度较均衡。由于导流流量大，相应的围堰和导流泄水建筑物工程量也大，有时可能因为泄水建筑物工程艰巨而须推迟截流日期，进而推迟了工程受益日期，延长了总工期。

(3)围堰枯水期挡水，采用过水围堰形式，选择适当的挡水流量，争取汛期有一定的有效工期。此种方案适用于基坑工作量大，而采用全年挡水围堰又有困难的工程。对于洪、枯流量变化大，泥沙含量少的河流尤为适宜。

围堰挡水时段的长短，既关系导流布置和造价，又影响施工总进度的编制，须进行综合的技术经济比较后选定。

截流和拦洪时间确定后，根据截流到拦洪的有效天数扣除排水、基础开挖和处理时间，按黏土心墙填筑上升速度0.2~0.4 m/d确定大坝可能达到的拦洪高程。

9.3　导流洞下闸封堵时间的确定

9.3.1　封孔时间的选定

导流洞封堵，首先要下闸止水，而后浇筑混凝土堵头，并进行回填灌浆。下闸封堵的时间应考虑的因素很多，从编制总进度的角度看，应综合考虑以下因素：

(1)下闸之后，水库开始蓄水，蓄水后的下一个汛期将运用永久性泄洪建筑物泄洪。故下闸蓄水之后，最迟在汛期到来之前，永久性泄洪建筑物应基本建成。对于土石坝，岸边溢洪道或泄洪洞应具备泄洪条件，大坝应达到泄洪时的安全高程，此高程由导流设计提供。

(2)下闸之后，水库水位不断上升，而堵洞需要一定的工期，堵头未发挥作用之前，须由闸门承受水压力。因此，下闸和蓄水应安排在枯水季节，并需进行蓄水计算，根据闸门的设计水头和堵洞所需工期确定下闸的日期。

(3)下闸蓄水后，将影响下游工农业用水和航运。为此，应在建成向下游供水的设施之后，才能下闸蓄水。

一般来说，应在保证大坝安全的前提下，尽可能提前发电(供水)。根据初始发电水位，利用库容曲线求得相应的水库蓄水量，按照保证率的要求，用典型枯水年各月平均流量推算出封孔日期，即此时封孔蓄水，可以保证到初始的发电日期，水库水位可以达到初始发电水位。

例如：某电站要求5月1日发电，初始发电库容V，封孔蓄水日期推算按表2-12进行。

表中2-12 V_i为第i月的来水总量，V_i'为第i月时下游要求的供水量。由表2-12可知，蓄水4个月才能达到与初始发电水位相应的存蓄量。故推得封孔日期为1月上旬。

表 2-12　封孔蓄水日期推算

蓄水时间	80%来水量/m^3 $V_i = Q_i T$	下游要求供水量/m^3 $V'_i = q_i T$	累计蓄水量/m^3 $Z_x = V_i - V'_i$
1 月	V_1	V'_1	$\sum_{i=4}^{1}(V_i - V'_i) \geqslant V$
2 月	V_2	V'_2	$\sum_{i=4}^{2}(V_i - V'_i) < V$
3 月	V_3	V'_3	$\sum_{i=4}^{3}(V_i - V'_i) < V$
4 月	V_4	V'_4	$V_4 - V'_4 < V$

9.3.2　大坝安全校核

封孔日期是以蓄枯水年水量保证如期发电来确定的，如果封孔以后遇到的不是枯水年而是丰水年，则库内水位上升很快，虽有利于发电，但势必威胁尚未修建到顶的大坝安全。因此，必须按丰水年来水量进行大坝安全校核。校核标准按库容及下游安全而定，可按表 2-13 进行计算比较。表 2-13 中 V_i 为 i 月的来水总量，h_i 为 i 月底相应的库水位，Δh_i 为月初发生一次洪水所增高的水位，H_i 为 i 月底大坝修建的高程。若 $H_i > h_i + \Delta h_i + 1$，即认为大坝是安全的；否则，认为有漫顶危险。

表 2-13　大坝安全校核标准

蓄水时段	1%来水量 V_i/m^3	逐月累计水量 $\sum V_i$/m^3	库水位 h_i/m	月初洪水引起库水位移 Δh_i/m	坝面高程 H_i/m
1 月末	V_1	V_1	h_1	Δh_1	H_1
2 月末	V_2	$V_1 + V_2$	h_2	Δh_2	H_2
3 月末	V_3	$V_1 + V_2 + V_3$	h_3	Δh_3	H_3
4 月末	V_4	$V_1 + V_2 + V_3 + V_4$	h_4	Δh_4	H_4
⋮					

如果校核结果安全度太大，可以考虑提早发电；如不能满足安全要求，可采取提高大坝上升速度、延迟封孔和发电、利用永久或临时泄水建筑物控制上游水位等措施，以保证大坝安全。

9.4　初拟轮廓性进度

根据确定的截流、拦洪、封孔、发电日期和大坝分期绘制工程施工轮廓进度，图 2-4 为某工程临时断面拦洪方案大坝施工轮廓进度。

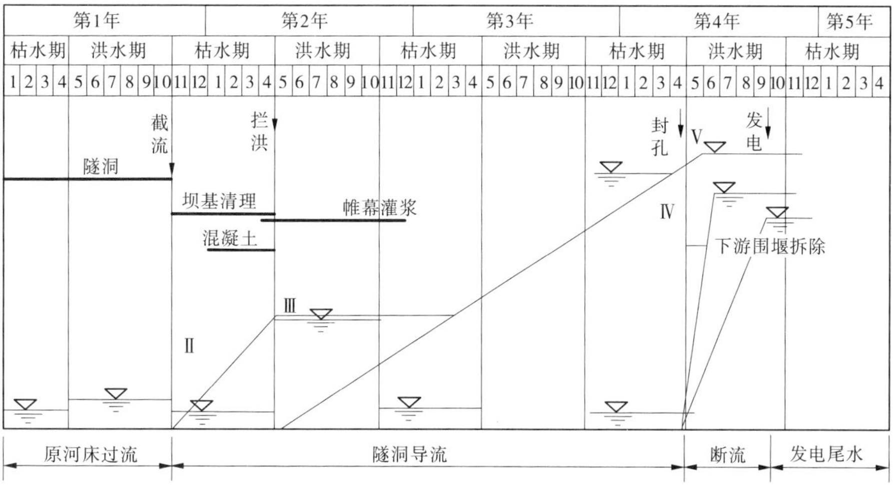

图 2-4　某工程临时断面拦洪方案大坝施工轮廓进度

9.5　导流工程规划与设计

土石坝工程常用隧洞导流方案。隧洞导流方案需要规划设计导流隧洞的断面形式与尺寸;进出口的形式与布置,围堰的形式、尺寸和平面布置。

在隧洞设计时,一般先拟出几个隧洞的断面尺寸、不同的底坎高程和不同的布置方案,进行技术经济比较,然后确定最优的隧洞断面和进出口底坎高程。在方案比较时,应分析研究的问题是:隧洞尺寸、底坎高程对拦洪水位及大坝合龙段施工的影响,隧洞尺寸、底坎高程对围堰及隧洞工程量的影响,通航过筏条件对工程截流的影响。

9.5.1　导流隧洞规划布置

确定泄水建筑物断面形式和尺寸,并进行平面和立面的布置。

9.5.1.1　拦洪水位拟定

根据已定的拦洪坝高扣除安全超高 2~3 m,即为拦洪水位。

9.5.1.2　确定隧洞过水断面

1. 隧洞最大下泄量计算

水库对洪水具有调节作用。按照隧洞的泄流条件和水库调节性能,根据洪峰过程线可以求得隧洞泄水过程线,其关系如图 2-5 所示。V 为水库形成的最大库容,Q_1 为相应于最大库容 V 时的隧洞最大下泄流量。在已知洪水过程线和上游拦洪水位的条件下,若求得隧洞泄水过程线,就可得出相应拦洪水位时的隧洞最大下泄流量。泄水过程线需经调洪运算求得,计算工作量大。为简化计算,曲线 AB 以直线 AB_1 代替,就可方便地计算出阴影部分面积所代替的库容 V',并与拦洪水位相应库容 V 比较,如 $V'=V$,则 AB_1 直线段即为所代替的隧洞泄水过程线,$Q_{泄}$ 为所求隧洞的最大下泄流量。如 $V'\neq V$,则需另假定 AB_1 线位置进行试算。

计算方法:

(1)在估计所求 B 点附近,任意选定 B_1、B_2、B_3 三点,通过 B_1、B_2、B_3 分别向 A 点方向

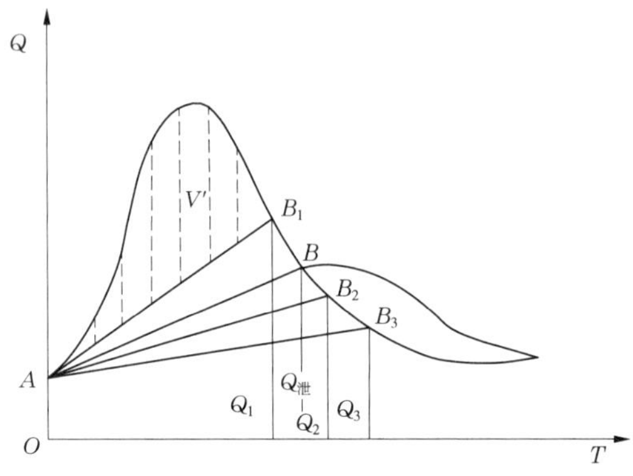

图 2-5　$Q—T$ 关系曲线

作三条直线，并与洪峰过程线相切。

(2)计算相应直线 AB_i 与洪峰过程线所包围的面积(相应库容)和相应的隧洞最大泄量，并绘制 $Q—V$ 关系曲线，如图 2-6 所示。

(3)根据拦洪水位相应库容 V，在 $Q—V$ 曲线上，找出相应的隧洞最大下泄流量。

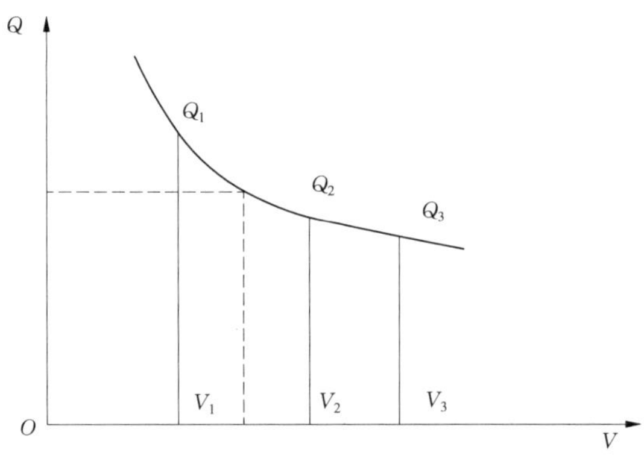

图 2-6　$Q—V$ 关系曲线

2. 泄放最大流量时的隧洞流速计算

当大坝拦洪时，隧洞泄放最大流量一般为压力流，其流速按有压流公式计算：

$$v = \frac{1}{\sqrt{1 + \sum f}}\sqrt{2g(H_0 - h_p)} = m\sqrt{2g(H_0 - h_p)} \tag{2-3}$$

式中　m——流量系数，可取 0.85；

$\sum f$——进口及洞内局部水头损失和沿程水头损失之和；

v——洞内平均流速，m/s；

H_0——隧洞出口底坎以上高程至上游水位并计入行近流速水头的总水头，m，在洞线布置之前用拦洪水位计算；

h_p——隧洞出口低坎以上计算水深，m，可根据隧洞最大泄量，从坝址水位—流量关系曲线上查得。

3. 隧洞过水断面面积计算

可根据下式计算：

$$W = \frac{Q_{泄}}{v} \tag{2-4}$$

式中　W——隧洞过水断面面积，m^2；

$Q_{泄}$——隧洞最大下泄流量，m^3/s；

v——洞内平均流速，m/s。

9.5.1.3　隧洞断面形式、尺寸及布置

1. 隧洞断面形式、尺寸

导流隧洞的断面形式有圆形、马蹄形和城门洞形（拱门形），其中城门洞形最普遍，这种形式开挖方便，有利于泄流和截流，断面形式如图 2-7 所示。H/B 一般为 1～1.5，α 一般为 90°～180°，当 α 取 180°时，其断面面积可根据下式计算：

$$W = B^2 + \frac{\pi}{8}B^2 \tag{2-5}$$

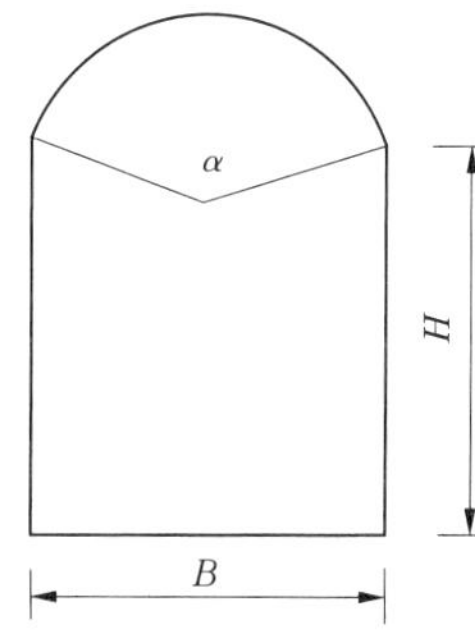

图 2-7　城门洞形隧洞断面

由式(2-4)和式(2-5)可求得隧洞的底宽 B，进而确定隧洞的断面尺寸。

2. 隧洞布置

隧洞路线应结合地形地质条件选定，一般长度应尽可能短，但必须考虑进出口与上下游围堰之间保持 20～50 m 的距离（根据水深及河床覆盖层厚度确定），防止水流冲刷围堰。隧洞轴线尽可能布置成直线，当转弯时，其转弯半径不少于 5 倍的隧洞底宽。

导流洞的底面高程一般布置在最低水位以下一定高程（通过方案比较确定），布置应注意：

(1)使截流方便，进口底部高程宜低；

(2)有通航要求，航行过水要求一尺（一尺＝0.333 m，下同）水深，净空、流速小于 3～6 m/s；

(3)为了隧洞施工方便（出渣方便、排水容易），进口底部高程宜布置得高些。

隧洞底坡一般为 0.2%～0.5%，也可以布置成平底坡，视河床纵坡而定。为了保证水流平顺，隧洞进出口各有一定长度的直线段和明渠段。在进口应设置喇叭段。封孔闸门应布置于洞口，当洞口宽度超过 6 m 时，应布置中墩，以减少封孔闸门跨度。出口明渠段可以扩大口门，反坡与原河道相接，其出口轴线与河床水流轴线交角最好小于 30°。

隧洞进出口顶部岩石覆盖层厚度一般不小于 1.0～2.0 倍的隧洞净宽，视地质条件而定。

9.5.2　汛期大坝拦洪校核

根据已定的隧洞尺寸和泄流条件，经过调洪演算确定上游拦洪水位，以检查此时的坝面高程是否能安全拦洪。

9.5.2.1 绘制隧洞水位与流量关系曲线

1.明流水力计算

当隧洞上游水位较低时，洞内为无压流，进口洞内水深可按下式计算：

$$h_1 = h_2 + \frac{V_2^2}{2g} - \frac{V_1^2}{2g} + \left(\frac{\overline{V}^2}{\overline{C}^2\overline{R}} - i\right)L \tag{2-6}$$

式中 h_1——进口洞内水深，m；

h_2——出口洞内水深，m；

V_1——进口洞内流速，m/s；

V_2——出口洞内流速，m/s；

$\overline{V}$——$(V_1+V_2)/2$，m/s；

$\overline{C}$——平均谢才系数；

$\overline{R}$——平均水力半径，m；

L——隧洞长度，m；

i——隧洞底坡。

由上述公式计算隧洞进口洞内水深，其步骤如下：

(1)判别出口流态。

当 $h_k < h_下$ 时，为淹没出流，$h_2 = h_下$；

当 $h_k \geq h_下$ 时，为自由出流，$h_2 = h_k$。

其中，$h_下$ 为出口下游水深，m；h_k 为临界水深，m，当为矩形过水断面时

$$h_k = \sqrt[3]{\frac{\alpha q^2}{g}} \tag{2-7}$$

(2)确定 h_2 后，假定 h_1 用式(2-6)列表 2-14 试算。

表 2-14 进口洞内水深计算

h_1	h_2	V_1	V_2	$\overline{V}$	$\overline{R}$	$\overline{C}$	$\frac{V_1^2}{2g}$	$\frac{V_2^2}{2g}$	$\frac{\overline{V}^2}{\overline{C}^2\overline{R}}$	h

(3)进口落差近似按式(2-8)计算：

$$Z = \frac{V_1^2}{\varphi^2 2g} - \frac{V_0^2}{2g} \tag{2-8}$$

式中 φ——流速系数，取 0.8~0.9；

V_0——上游行近流速，当 V_0<1 m/s 时，流速水头很小，式(2-8)中第二项可略去。

(4)计算水库水位(∇H_u)。

$$\nabla H_u = 进口底坎高程 + h_1 + Z \tag{2-9}$$

2.有压流水力计算

当隧洞上游水位较高、洞口封闭、洞内充满水流，此时隧洞内为有压流，隧洞进口底坎

水深可按式(2-10)计算：

$$H_0 = h_2 + \frac{V^2}{2g}(1+\varepsilon) + \left(\frac{V^2}{C^2R} - i\right)L \tag{2-10}$$

式中　H_0——隧洞进口底坎以上水深，m；

h_2——出口计算水深，m，自由出流时，$h_2=0.85D$，淹没出流时，$h_2=h_{下}$；

V——洞内流速，m/s；

ε——局部损失系数之和，当进口采用喇叭口时，$\varepsilon_{进}=0.25$；

L——隧洞长度，m；

C——谢才系数，可按下式计算：

$$C = \frac{1}{n}R^{\frac{1}{6}} \tag{2-11}$$

式中　n——糙率，混凝土衬砌时，$n=0.014$，不衬砌时，$n=0.035$；

R——水力半径，m。

则上游水位：∇H_u=进口底坎高程+H_0。

计算时，假定几个隧洞下泄流量，分别计算出相应的上游水位。

3. 绘制隧洞流量曲线

根据上述计算成果，画出无压部分和有压部分的下泄流量 Q 与水位 H 的关系曲线并以光滑曲线连接这两部分曲线，以代替半有压流曲线，如图 2-8 所示。

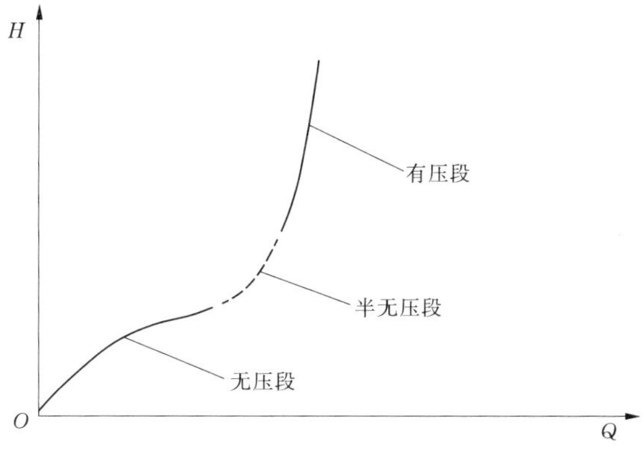

图 2-8　水库上游水位与隧洞下泄流量关系曲线

9.5.2.2　拦洪高程确定

依据水库水位库容曲线、洪峰流量过程线、坝址水位流量关系曲线、隧洞泄流能力曲线，通过调洪运算，确定汛期拦洪水位。

1. 水库调洪计算的基本原理

水库调洪计算的基本原理是水库的水量平衡，即在某一时段 Δt 内，入库水量与出库水量之差应等于该时段内水库蓄水量的变化，如图 2-9 所示。

用公式表示，即水库的水量平衡方程式：

$$\frac{Q_1+Q_2}{2}\Delta t - \frac{q_1+q_2}{2}\Delta t = V_2 - V_1 = \Delta V \tag{2-12}$$

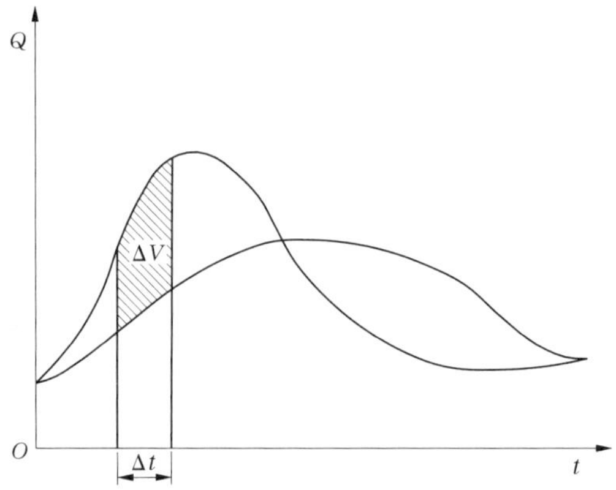

图 2-9　水库水量随时间变化关系

式中　Q_1、Q_2——时段 Δt 始、末的入库流量，m^3/s；

q_1、q_2——时段 Δt 始、末的出库流量，m^3/s；

V_1、V_2——时段 Δt 始、末的水库蓄水量，m^3；

Δt ——计算时段，其长短视入库流量的变幅而定，陡涨陡落的小河，Δt 可取短些，流量变化平稳的大河，Δt 可适当取长些，有时为了满足设计和运用精度的要求，在洪水过程线的洪峰附近取短些，其余时间取长些。

水量平衡方程式(2-12)的求解：Q_1 和 Q_2 由洪水过程线查出，q_1、V_1 根据水库调洪计算的起始条件确定。q_2、V_2 都是未知数，故方程式(2-12)不能独立求解，还必须建立第二个方程式，即水库下泄流量 q 与水库蓄水流量 V 的关系。

$$q = f(V) \tag{2-13}$$

列出联立方程：

$$\left.\begin{aligned} &\frac{Q_1 + Q_2}{2}\Delta t - \frac{q_1 + q_2}{2}\Delta t = V_2 - V_1 \\ &q = f(V) \end{aligned}\right\} \tag{2-14}$$

调洪计算工作，实际上就是求解这个方程组。已知 Q_1、Q_2 和时段 Δt 初的 q_1、V_1，求时段末的 q_2、V_2 。

由于水库形状极不规则，很难列出 $q = f(V)$ 的函数式。而水库蓄水量 V 反映出水库水位 G ，G 又直接关系下泄流量 q 的水头 h 。因此，可以通过库容曲线和泄流建筑物的流量曲线计算，具体方法有列表试算法和半图解法。

2. 调洪计算方法

列表试算法较为准确，并适用于计算时段改变、泄流规律变化的情况，但计算工作量较大，也非常烦琐。半图解法较为简便，同时，半图解法的辅助线也可用计算机绘制，但半图解法不适用于计算时段不同或泄流规律变化的情况。半图解法又可分为双辅助线法和单辅助线法等。它要求将式(2-12)改写为：

$$\overline{Q} + \left(\frac{V_1}{\Delta t} - \frac{q_1}{2}\right) = \frac{V_2}{\Delta t} + \frac{q_2}{2} \tag{2-15}$$

式中，$\overline{Q}=\dfrac{Q_1+Q_2}{2}$，$\left(\dfrac{V_1}{\Delta t}-\dfrac{q_1}{2}\right)$和$\left(\dfrac{V_2}{\Delta t}+\dfrac{q_2}{2}\right)$均可与水库水位建立函数关系，因此根据库容曲线及泄流量曲线可绘制上游水位∇H_u—$\left(\dfrac{V_1}{\Delta t}-\dfrac{q_1}{2}\right)$及$\nabla H_u$—$\left(\dfrac{V_2}{\Delta t}+\dfrac{q_2}{2}\right)$两条辅助曲线，故这一方法在半图解法中也称为双辅助曲线法。按设计洪水过程线，依照式(2-14)的原理列表计算，即可求得调蓄后的水位变化和相应的泄流量变化过程。起调水位应使入流量与泄流量基本相等或限制水位调起。如果只需要推算调蓄后的最高水位和最大下泄流量，一般调至水位开始下降即可。校核计算误差，可调至水位下降到入流量等于泄流量，此时，整个调蓄过程的下泄流量与存入水库水量之和应等于总来水量。

1）双辅助线法

【案例】 某工程采用隧洞导流，其库容曲线及隧洞泄流曲线(Q—∇H_u)的数值列于表 2-15，在同一表内算得两条辅助曲线的有关数据，其曲线如图 2-10 所示。根据设计洪水过程线，取计算时段为 3 h，定出不同时段的入库流量 I 及平均值 $\overline{I}$。起调点由∇H_{u1} = 343 m 高程开始，此时 $V_1=0$。图 2-10∇H_u— q 曲线中查得 q_1 值为 450 m³/s，由此计算可得相应的$\left(\dfrac{V}{\Delta t}-\dfrac{q_1}{2}\right)$为−225 m³/s，由 Δt 始末的入库流量 $Q_1=455$ m³/s，$Q_2=950$ m³/s，取平均值得相应的平均入库流量 $\overline{Q}$ 为 702.5 m³/s，根据式(2-15)，相加后得$\left(\dfrac{V_2}{\Delta t}+\dfrac{q_2}{2}\right)$为 477.5 m³/s，由图 2-10 中另一条辅助曲线查得与此相应的上游水位∇H_{u2}为 347.5 m。以此类推，直至求出最高水位及相应的最大下泄流量，如表 2-16 所示。本例中最高水位为 352.9 m，最大泄流量为 705 m³/s。

表 2-15　双辅助曲线计算

上游水位 ∇H_u/m	库容 V/万 m³	$\dfrac{V}{\Delta t}$/(m³/s)	泄流量 q/(m³/s)	$\dfrac{q}{2}$/(m³/s)	$\dfrac{V}{\Delta t}-\dfrac{q}{2}$/(m³/s)	$\dfrac{V}{\Delta t}+\dfrac{q}{2}$/(m³/s)
343	0	0	450	225	−225	225
345	60	55.6	510	255	−199.4	310.6
347	198	183.3	560	280	−96.7	463.3
349	485	449.1	610	305	144.1	754.1
351	1 010	935.2	650	325	610.2	1 260
353	1 815	1 681	700	350	1 331	2 031
355	2 928	2 711	740	370	2 341	3 081
357	4 358	4 035	780	390	3 645	4 425
359	6 128	5 674	815	408	5 266	6 082
361	8 448	7 822	850	425	7 397	8 247

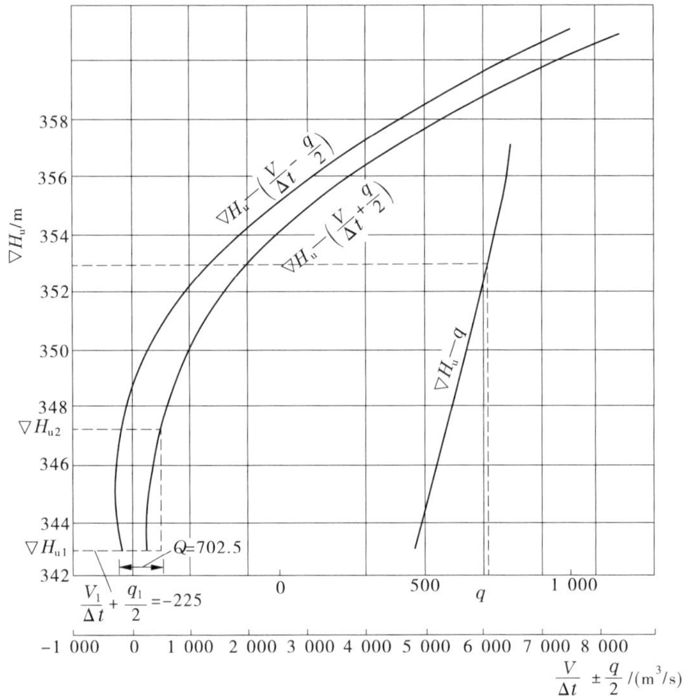

图 2-10　调洪演算辅助曲线

表 2-16　调洪演算

时间 t/h	入流量 $I/(m^3/s)$	时段平均 $\bar{I}/(m^3/s)$	起始上游水位 ∇H_{u1}/m	$\frac{V_1}{\Delta t}-\frac{q}{2}/(m^3/s)$	$\frac{V_2}{\Delta t}+\frac{q}{2}/(m^3/s)$	泄流量 $Q/(m^3/s)$	时段末上游水位 ∇H_{u2}/m
3	455	702.5	343.0	-225	—	450	347.5
6	950	1 125	347.5	-100	477.5	570	350.2
9	1 300	1 200	350.2	400	1 025	640	352.0
12	1 100	955	352.0	950	1 600	685	352.8
15	810	700	352.8	1 300	1 905	700	352.9
18	590	500	352.9	1 310	2 000	705	352.5
21	410	375	352.5	1 150	1 810	690	351.8
24	340	315	351.8	860	1 525	680	350.8
3	290	280	350.8	550	1 175	660	350.6
6	270		350.6	—	830	650	

2)简易图解法

在中、小工程中也可采用更为简便的简易图解法,计算原理及思路同隧洞最大下泄流量计算。具体步骤如下:

(1)假定三条隧洞泄水过程线 AB_1、AB_2、AB_3(见图 2-5);

(2)求出相应的库容 V_1、V_2、V_3 和下泄流量 Q_1、Q_2、Q_3;

(3)根据 V_1、V_2、V_3 在库容曲线上得出相应的上游水位 H_1、H_2、H_3;

(4)在绘有隧洞泄流能力曲线 L_1 的 $Q—H$ 坐标图上,绘出相应的点 $P_1(Q_1, H_1)$、$P_2(Q_2,H_2)$、$P_3(Q_3,H_3)$;

(5)过 P_1、P_2、P_3 点绘曲线 L_2 交 L_1 于 P,对应于 P 点的泄流量 $Q_{泄}$ 必为拦洪时隧洞最大下泄流量,相应的水位 $H_{拦}$ 即是所求拦洪水位,见图 2-11。

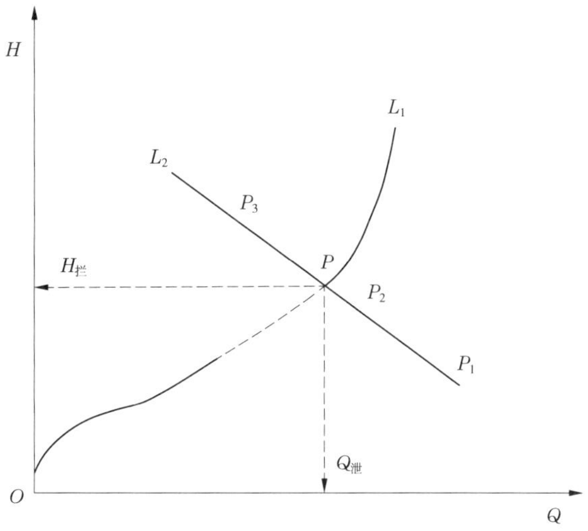

图 2-11　图解法拦洪水位计算

9.5.2.3　大坝安全校核

根据大坝施工控制进度所确定的汛期前的大坝高程∇_1与拦洪水位 H 进行比较:

若 $\nabla_1 - \nabla_h \geqslant H_{拦}$,则安全;反之,不安全。

其中,∇_h 为安全超高,∇_1 为大坝高程。

如果校核结果为不安全,可改变进度或采用局部加高坝体拦洪等措施。

9.5.3　围堰主要尺寸、形式及布置

9.5.3.1　围堰顶高程的确定

在围堰挡水时段内,围堰应挡住可能发生的最大洪水,以该时段内一定频率的最大洪峰为围堰的设计流量。

围堰顶高程由该设计流量时的上游水位和安全超高确定。发生设计洪水时的上游水位即为围堰拦洪水位。

下游围堰的顶高程 $\nabla_{下}$ = 下游水位 + 超高。

下游水位是发生设计洪峰流量、泄水建筑物下泄最大流量时的下游水位,根据坝址处的流量水位关系曲线得出。安全超高,对于当地材料围堰,可采用 0.7 m。

9.5.3.2　围堰的形式

围堰的形式参看教材《水利工程施工》,设计建议上下游都采用砂砾石黏土斜墙围堰,且上游围堰作为坝体的一部分。

9.5.3.3 围堰的断面尺寸

(1)堰顶宽。围堰顶宽视围堰高度、结构形式及其材料组合等而定。高于 10 m 的围堰,其最小宽度不小于 3 m;堰高超过 20~30 m 时,宽度一般为 4~6 m。如果需要通行大型车辆,其宽度应视交通要求确定。

(2)边坡。土石围堰的边坡取决于土石料的性质、压实程度及地基的承压能力等。一般地基承压都无问题,主要取决于填筑材料的抗压强度。对于干填碾压边坡,《水工设计手册》(第 2 版)中对土石坝拟定的粗估值,可供围堰设计参考,见表 2-17。国内若干已建工程水中抛填土的稳定边坡见表 2-18。

表 2-17 干填碾压粗估坝坡(参考)

<table>
<tr><td colspan="3">坝壳填料种类</td><td colspan="2">级配不很好的砂砾石</td><td colspan="2">级配良好的砂卵石</td><td colspan="2">弱风化的石渣</td><td colspan="2">新鲜的堆石</td><td colspan="2">壤土(均质坝)</td></tr>
<tr><td colspan="3">碾压干容重/(t/m³)</td><td colspan="2">1.75~1.90</td><td colspan="2">1.90~2.10</td><td colspan="2">1.85~2.10</td><td colspan="2">1.90~2.20</td><td colspan="2">1.70~1.80</td></tr>
<tr><td colspan="3">上游或下游</td><td>上游</td><td>下游</td><td>上游</td><td>下游</td><td>上游</td><td>下游</td><td>上游</td><td>下游</td><td>上游</td><td>下游</td></tr>
<tr><td rowspan="10">坡级(自上而下)</td><td rowspan="2">一级坡</td><td>心墙坝</td><td>2.0</td><td>2.0</td><td>1.8</td><td>1.75~2.0</td><td>2.0</td><td>1.8</td><td>1.75</td><td>1.7</td><td rowspan="2">2.0~2.5</td><td rowspan="2">2.0</td></tr>
<tr><td>斜墙坝</td><td>2.5~2.75</td><td>2.0</td><td>2.5~2.75</td><td>1.5~1.75</td><td>2.5~2.75</td><td>1.5~1.8</td><td>2.5~2.75</td><td>1.3~1.5</td></tr>
<tr><td rowspan="2">二级坡</td><td>心墙坝</td><td>2.0~2.5</td><td>2.0~2.5</td><td>1.8~2.0</td><td>1.75~2.0</td><td>2.0~2.5</td><td>1.8</td><td>1.75</td><td>1.7</td><td rowspan="2">2.5~2.75</td><td rowspan="2">2.0~2.5</td></tr>
<tr><td>斜墙坝</td><td>2.75~3.0</td><td>2.0~2.5</td><td>2.5~3.0</td><td>1.5~1.75</td><td>2.75~3.0</td><td>1.5~1.8</td><td>2.5~2.75</td><td>1.3~1.5</td></tr>
<tr><td rowspan="2">三级坡</td><td>心墙坝</td><td>2.5~3.0</td><td>2.25~2.75</td><td>2.0~2.5</td><td>1.8~2.0</td><td>2.0~2.5</td><td>2.0</td><td>1.75~2.0</td><td>1.7~1.8</td><td rowspan="2">2.75~3.0</td><td rowspan="2">2.5~2.75</td></tr>
<tr><td>斜墙坝</td><td>2.75~3.25</td><td>2.0~2.5</td><td>2.5~3.0</td><td>1.5~1.75</td><td>2.75~3.0</td><td>1.8~2.0</td><td>2.5~2.75</td><td>1.3~1.5</td></tr>
<tr><td rowspan="2">四级坡</td><td>心墙坝</td><td>2.5~3.0</td><td>2.5~2.75</td><td>2.0~2.5</td><td>1.8~2.0</td><td>2.0~2.5</td><td>2.0</td><td>1.75~2.0</td><td>1.7~1.8</td><td rowspan="2">3.0~3.25</td><td rowspan="2">2.5~3.0</td></tr>
<tr><td>斜墙坝</td><td>3.0~3.5</td><td>2.5~2.75</td><td>2.5~3.0</td><td>1.5~1.75</td><td>2.75~3.25</td><td>1.8~2.0</td><td>2.5~2.75</td><td>1.3~1.5</td></tr>
<tr><td rowspan="2">五级坡</td><td>心墙坝</td><td>3.0~3.25</td><td>2.5~2.75</td><td>2.0~2.5</td><td>1.8~2.0</td><td>2.5~2.75</td><td>2.0</td><td>1.75~2.0</td><td>1.7~1.8</td><td rowspan="2">3.25~3.5</td><td rowspan="2">2.75~3.25</td></tr>
<tr><td>斜墙坝</td><td>3.0~3.5</td><td>2.5~2.75</td><td>2.5~3.0</td><td>1.5~1.75</td><td>3.0~3.5</td><td>1.8~2.0</td><td>2.5~2.75</td><td>1.3~1.5</td></tr>
</table>

表 2-18 国内若干已建工程水中抛填土的稳定边坡

序号	工程	土料	抛填水深/m	水下稳定边坡	干容重/(t/m³)
1	柘溪	粉质黏土	16~18	1:3~1:9	1.35~1.51
2	丹江口	壤土	3~9	1:6~1:7	1.41~1.55
3	官厅	次生黄土	13~26	1:4~1:9	1.40~1.46

续表 2-18

序号	工程		土料	抛填水深/m	水下稳定边坡	干容重/(t/m³)
4	都江堰		壤土	2.5	1:2.2~1:40	1.36~1.43
5	王快		壤土	5	1:20~1:2.5	1.45~1.51
6	白山		风化砂	0	1:1.72~1:97	1.40~1.70
7	葛洲坝	室内试验	黏土	0.7	1:1.5~1:6.4	1.26~1.49
		上弯段低水围堰	黏壤土	4~7	1:2.7~1:3.6	1.34~1.36

(3)防渗结构。河床覆盖层较薄、水深不大,应以防渗体与岩基直接连接较好。

另外,围堰的水下部分尺寸应加大。上游围堰黏土斜墙防渗体应在坝体以外,下游围堰在施工后期应予以拆除。

9.5.3.4 围堰的平面布置

要求按比例在地形图上正确画出围堰的平面布置图,在大坝断面图上画出围堰的剖面,以反映大坝与围堰的相互位置。

9.5.4 坝体临时断面设计

中、高坝在汛前如需按临时断面度汛,应对其断面进行设计。

9.5.4.1 设计原则

(1)临时断面应满足稳定、渗流、变形及规定的超高等方面的基本要求,并力求分区少、变坡少、用料种类少;相邻台阶的高差一般不要超过30~50 m。当高差过大时,可以通过增设平台,协调坝体沉降,平台要有相当的宽度。

(2)度汛临时断面顶部必须有足够的宽度(不宜小于12 m),以便在洪水超过设计标准时,有抢修子堰(堤)的余地。数项工程的实践表明,临时断面的合适顶宽为25~30 m。有时断面顶宽是根据施工均衡的要求而拟定的。

(3)斜墙、窄心墙不应划分临时断面。

(4)当临时断面位于坝断面的上游部分时,上游坡应与坝的永久边坡一致;下游坡应不陡于设计下游坝坡。其他情况下,临时断面上、下游边坡可采用同一边坡比,但不应陡于坝下游坡。

(5)临时断面以外的剩余部分应有一定宽度,以利于补填施工。

(6)下游坝体部位,为满足临时断面浸润线的安全要求,在坝基清理完毕后,应全面填筑数米高后再收坡,必要时应结合反滤排水体统一安排。

(7)上游块石护坡和垫层应按设计要求填筑到拦洪高程,如不能达到要求,则应采取临时防护措施。

9.5.4.2 度汛临时断面位置选择

(1)心墙坝临时断面选在坝体上游部位。此时,需在上游坡面增加临时防渗措施。施工初期,由于心墙部位的岸坡和坝基的开挖、处理工期或气象因素等对心墙填筑的影响,心墙上升速度可能受到限制,此时可采用这一度汛临时断面形式,如石头河坝、鲁布革坝、黑河坝、小浪底坝(见图2-12)等。这种形式,一般到了施工的中、后期,又可以过渡到心墙部位临时断面的度汛形式。

(2)心墙坝临时断面选在坝体中部。初期施工不如临时断面位于上游部位的有利，且接缝工作量一般较大，但有利于中、后期度汛和施工安排。该形式示例如图 2-12(a)所示。设计这种形式的临时断面，要注意上游补填部分的最低高程应满足汛期一般水情条件下(如 P 为 5%、10%)能继续施工的要求。对于宽心墙坝，必要时也可将部分心墙划为临时断面，先行填筑。

(3)对均质坝和斜墙坝，度汛临时断面应选在坝体上游部位，以斜墙为度汛临时断面的防渗体，同时应将上游的临时保护体也填筑到拦洪高程。小浪底斜心墙坝，由于填筑能力强，临时断面与全断面工程量差距不大，上游坡面无须防渗处理，如图 2-12(d)所示。

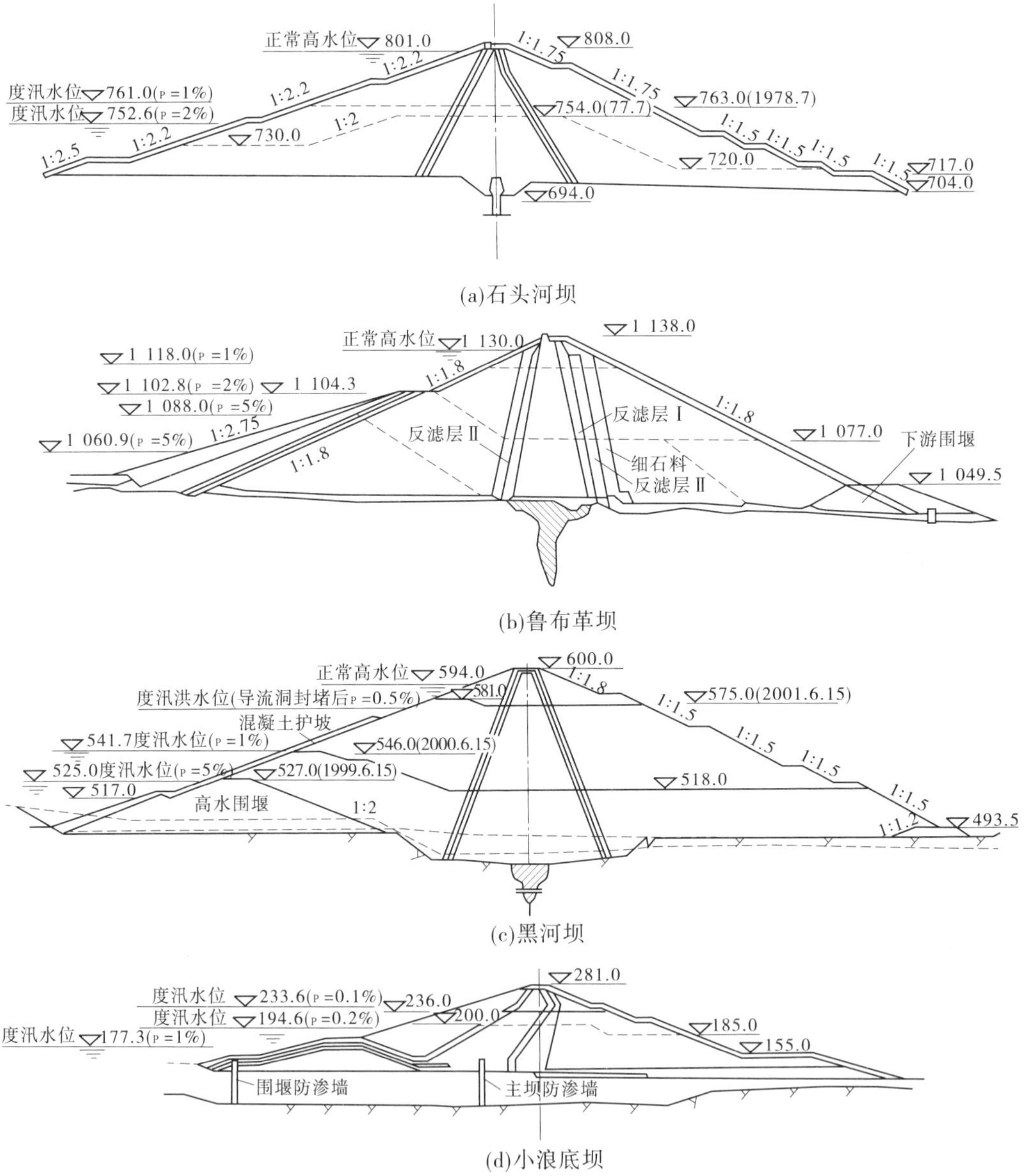

图 2-12　土石坝临时度汛断面设计　(单位:m)

工作任务3 土石坝施工

1　工作任务

根据已给工程的基本资料，查阅相关规范及设计，拟订机械化施工方案、坝面运输布置、填筑方式等，拟订合理的坝体施工质量控制措施。

2　工作目标

(1)掌握挖运强度计算方法；
(2)掌握配套设备及机械需要量计算方法；
(3)掌握机械化施工方案的拟订原则；
(4)掌握坝区运输道路布置原则及要求；
(5)掌握上坝道路布置方式及特点；
(6)掌握土料防渗体、反滤层及坝壳料施工方法；
(7)掌握坝体压实质量控制指标；
(8)掌握坝体质量检测方法。

3　任务分组

按照学号顺序，每 6~8 名学生为 1 个小组，每小组设组长 1 名，每个小组的设计任务要求组内成员保质保量完成。小组成员互相讨论设计方案，培养团队协作能力，小组间不得互相抄袭。

学生任务分组表

班级		组号		指导教师	
姓名		学号		工作日期	
任务分工					
提交成果					

4 引导问题

(1)常用的土石坝填筑施工机械设备有哪些?

____

____

____

(2)影响土石坝施工质量的因素有哪些?

____

____

____

(3)坝区施工道路布置原则及要求有哪些?

____

____

____

5 工作计划

根据小组任务分工和收集到的信息资料,制订土石坝施工质量控制措施计划,利用流程图或者其他形式进行表示。

6 进度决策

分组汇报各组制订的工作计划,小组互评、教师点评,确定土石坝施工质量控制措施的工作计划,为任务实施做好准备。

7 工作实施

7.1 拟订机械化施工方案

土石坝填筑施工的机械设备,一般有多种方案可供选择。拟订出各种可能的施工方案进行技术经济比较,比选出经济合理的最优方案。在拟订施工方案时,首先应研究完成基本作业的主要机械,按照施工条件和工作面参数选择主要机械,然后根据主要机械的生产能力和性能参数再选用与其配套的施工机械。

7.2 坝面运输布置

坝区平面布置一般均以运输线路为主要内容,首先进行布置。运输线路的布置应满足运输量和运输强度的要求,并结合施工分期综合考虑,以充分发挥运输效率。同时,使料场、坝体填筑面、运输干线、仓库、堆场、油料供应点等连接合理。应根据坝区地形、地质特点、水工建筑物的施工特性、导流、地基处理方式，并结合施工分期、坝体填筑施工方法、强度和其他主要运输线路，详细研究上坝线路规划布置，并拟订集中上坝运输线路布置的方案，针对几种主要方案，从施工进度、经济效果、技术条件主要方面进行综合比较，选择出合理的上坝线路；然后在上坝线路的基础上，安排布置其他临时设施。

7.3 坝体填筑

坝体填筑如下所述：

组织坝面流水作业—土料施工—反滤料施工—坝石料施工—护坡施工—坝体施工质量控制。

7.4 坝体施工质量控制

坝体施工质量控制应按照国家和行业颁发的有关标准、工程设计、施工图、合同技术条款的技术要求进行。

8 评价反馈

主要包括组内、组间学生相互检查评价、教师检查评价等。学生自评占50%、教师评价占50%，分别如表3-1、表3-2所示。

表3-1 学生自评表

班级		姓名		学号	
学习任务1	土石坝施工				
评价项目	评价标准			分值	得分
机械化施工方案	能够合理拟订机械化施工方案			20	
坝面运输布置	能够合理进行坝面运输布置			20	
土石坝施工质量控制	掌握土石坝施工质量控制的内容和方法			30	
坝体填筑	熟练掌握坝体填筑顺序及方法			30	
	合计			100	

表3-2 教师评价表

班级		姓名		学号	
学习任务1	土石坝施工				
评价项目	评价标准			分值	得分
平时表现	出勤、课堂表现、团队合作情况			40	
成果评价	确定机械化施工方案、进行坝面运输布置、选择填筑方式等，拟订坝体施工质量控制措施			60	
	合计			100	

9 相关知识点

碾压式土石坝施工，包括准备作业、基本作业、附属作业和附加作业。

(1)准备作业主要包括“四通一平”，施工临时设施、施工生活福利设施及施工排水与清基等准备工作。

(2)基本作业包括料场土石料开采，挖装运输，坝面铺平、碾压、质检等多项作业。

(3)附属作业包括料场覆盖层清除、土石料处理、土料加水和碾压层间刨毛等多项作业。

(4)附加作业包括坝坡修整、护坡砌石和铺植草皮等为保证坝体长期安全运行的防护和修整工作。

碾压式土石坝由于坝顶一般不允许过水，必须在一个枯水期填筑到拦洪高程，施工强度高。因此，施工导流、截流及度汛，必须制订施工技术措施，研究料场的合理规划使用和土石料的挖运组织方案，以保证抢修拦洪高程时的施工强度。

9.1 拟订机械化施工方案

9.1.1 挖运强度计算

分期施工的土石坝，应根据坝体分期施工的填筑强度和开挖强度来确定相应的机械设备容量。

(1)坝体分期填筑强度 Q_d(m^3/h)可按下式计算：

$$Q_d = \frac{V_d K K_1}{TN} \tag{3-1}$$

式中 V_d——坝体分期填筑方量，m^3；

K——施工不均匀系数，可取 1.2~1.3；

K_1——考虑沉陷、消坡损失等影响系数，可取 1.15~1.20；

T——分期时段的有效工作日数，d，按分期时段的总日数，扣除节假日、降水及气温影响可能的停工日数；

N——每日的工作小时数，以 20 h 计。

(2)坝体分期施工的运输强度 Q_T(m^3/h)可按下式计算：

$$Q_T = Q_d K_2 \frac{\gamma_d}{\gamma_y} \tag{3-2}$$

式中 K_2——土料运输损失系数，取 1.05~1.10；

γ_d——设计干表观密度，t/m^3；

γ_y——土料松散状态下干表观密度，t/m^3。

(3)坝体分期施工的开挖强度 Q_c(m^3/h)可按下式计算：

$$Q_c = Q_d K_3 K_2 \frac{\gamma_d}{\gamma_n} \tag{3-3}$$

式中 K_3——开挖及运输中的损失系数，可取 1.05~1.10；

γ_n——土料的天然干表观密度，t/m^3。

9.1.2　拟订机械化施工方案方法

9.1.2.1　综合机械化施工的基本原则

从料场的开挖、运输到坝面铺料和压实等各工序，采用相互配套的机械施工，组成"一条龙"的施工流程，称为土石坝的综合机械化施工。组织综合机械化施工应遵循以下原则：

(1)充分发挥主要机械的作用。主要机械是指在机械化施工流程中起主导作用的机械。充分发挥它的生产效率，有利于加快施工进度，降低工程成本。例如，土方工程机械化施工中，采用挖掘机挖装、自卸汽车运输、推土机铺平土、振动碾碾压，其中挖掘机为主要机械，其他为配套机械。挖掘机出现故障或工效降低，将会导致停工待料或施工强度降低。

(2)根据机械工作特点进行配套组合。连续式开挖机械和连续式运输机械配合，循环式开挖机械和循环式运输机械配合，可形成连续生产线；否则，需要增加中间过渡设备。

(3)充分发挥配套机械的生产能力。在选择配套机械，确定配套机械的型号、规格和数量时，其生产能力要略大于主要机械的生产能力，以保证主要机械生产能力的充分发挥。

(4)配套机械应便于使用、维修和管理。选用适用性广泛、类型比较单一、通用性好的机械，便于维修管理。

(5)合理布置工作面，加强机械保养。合理布置工作面和运输道路，以减少机械的运转时间，避免窝工。严格执行机械保养制度，使机械处于最佳状态，以提高工效。

总之，机械应选择生产效率高、操作灵活、机动性高、安全可靠、结构简单、防护设备齐全、废气噪声易控制、环保性能好的。而且，机械的购置和运转费用要少，劳动量和能源消耗应低。通过技术经济比较，选出单位土石方成本最低的机械化施工最优方案。

9.1.2.2　拟订机械化施工具体方案

当选择开挖运输方案时，应根据工程量大小、土料上坝强度、料场位置与储量、土质分布、机械供应条件等综合因素，进行技术经济比较后确定经济合理的挖运方案。

在拟订施工方案时，首先按照施工条件和工作面参数选定主要机械，然后依据主要机械的生产能力和性能参数选用与其配套的机械。

(1)根据作业内容选择挖运压施工方案。表3-3列出了不同土石坝填筑作业时所配备的主要机械、配套机械及作业方法和施工方法，供选择机械时参考。土石坝类型较多，填料性质差别较大，为能充分发挥挖掘机械的效率，应根据不同的坝料，选择适宜的机械。表3-4列出了不同类别的坝料所适宜的挖运机械。

根据我国目前碾压机械的制造情况，宜用30~50 t轮胎碾和凸块振动碾压实黏性土、砾质土，16.4 t的双联羊足碾压实黏性土，13.5 t的振动碾压实堆石、砂砾料，重2.5 t的夯板夯实砂砾料和狭窄场地的填土，边角部位的黏性土和砾质土宜由H8-60型、H8-20A型蛙式打夯机及YZ-07型手扶振动平碾压实。

表 3-3　不同土石坝填筑作业时所配备的主要机械、配套机械及作业方法和施工方法

工作内容		主要机械	配套机械	作业方法和施工方法
筑坝材料开采、装载、运输、卸料和压实	平面采土	10 推土机	轮胎式装载机,自卸汽车或底卸式运输车	用大中型推土机下坡取土、集土,装载机装车自卸汽车运土,并运到坝面卸散;道路平坦、运距远、运量大、能高速行驶时,宜用底卸式运输车
		11 推土机	受料斗,带式输送机,自卸汽车	推土机向受料斗推送土料,先由受料斗装带式输送机运输,然后用汽车送坝面卸散
		12 拖式铲运机		采用下坡取土方法,经济运距 100 m 以内,可直接送到坝面上铺填
		13 自动式铲运机	推土机(助推)	同 12 拖式铲运机,但经济运距更大些
	立面采土	14 正铲式挖掘机	自卸汽车	开挖掌子面,并装车,自卸汽车运输,直接上坝卸散。正铲挖掘机挖掘力大,适应土质广
		15 正铲挖掘机	铁道车厢、转运料斗和带式输送机、自卸汽车	正铲挖掘机装车,运至坝脚卸入料斗中,先由廊道带式输送机和土坝带式输送机运土至坝面,再用汽车或铲运机散料
		16 正铲挖掘机	移动式受料斗、带式输送机、自卸汽车	当架设带式输送机比修路经济可行时,可用带式输送机运输,转自卸汽车上坝卸散
		17 斗轮挖掘机	移动式带式输送机、固定式带式输送机、自卸汽车	当土方量很大(10 万 m^3 以上)时采用,用移动式输送机调整挖掘机与固定带式输送机之间经常变化的距离,转自卸汽车上坝卸散
		18 斗轮挖掘机	自卸汽车、底卸运输车	土方量大、道路比较平坦,斗轮挖掘机直接装车,自卸汽车或底卸车上坝卸散
	砂砾料开采	19 装载机	自卸汽车	宜用重型自卸汽车上坝
		20 拉铲(索铲)挖掘机	自卸汽车	料场开阔时,可水下开采,并直接装车
		21 链斗式采砂船	铁道车厢、自卸汽车、驳船	宜用重型自卸汽车上坝,铁道运输同 15
		22 正铲挖掘机	自卸汽车、推土机	同 14,料场应排水并降低地下水位,也可用推土机集料
	石渣装运	23 正铲挖掘机	自卸汽车	同 14,宜用重型自卸汽车上坝
		24 装载机	自卸汽车	宜用重型自卸汽车上坝
	反滤料铺筑	25 装载机	自卸汽车	自卸汽车运输,上坝后由装载机铺填
		26 自卸汽车	推土机	自卸汽车运输,推土机平料
	填方平整作业	27 推土机		
		28 平地机		只能用于土方平整

续表 3-3

工作内容		主要机械	配套机械	作业方法和施工方法
筑坝材料开采、装载、运输、卸料和压实	填方压实作业	29 碾压机械		根据土质选用,包括防渗体土料、坝壳料和反滤料的压实
		30 小型压实机械		在狭窄地方和填筑与岩石接触的部位处,可使用小型压实机械
	土料翻晒	31 推土机		翻晒和堆集成料堆,宜采用带松土器的推土机
	填方洒水	32 洒水车		
	道路维修	33 平地车,推土机		
	坝坡修整	34 推土机	凸块碾或振动碾、拖拉机	推土机削平、碾压机或由履带式拖拉机牵引作业,或系在拖拉机的绞盘上沿坡面上下碾压

表 3-4　根据坝料类别选择挖掘机械和运输机械

机械类型	砂土	壤土和黏土	砂质土	风化软岩	爆破石渣	砂砾料	
						水上	水下
正铲挖掘机	○	○	○	○	○	○	
拉铲(索铲)挖掘机	○	△	○	△		△	○
斗轮挖掘机	○	○	△	△			
链斗式采砂船							○
推土机	○	△	○	○	○	△	
铲运机	○	△					
轮胎式装载机	○	△	○	△	△	△	
履带式装载机	○	△	○	△	○	○	
自卸汽车(后卸)	○	○	○	○	○	○	○
底卸式运输车	○	○	△			△	△

注:○—适宜;△—可用。

(2)根据运距和道路条件选择运输机械。各种运输机械和铲运机械的经济运距和对道路的要求如下：

①当履带式推土机的推运距离为15~30 m时，可获得最大的生产率。

②轮胎式装载机用作挖掘和短距离运输时，其经济距离不超过100~150 m；履带式装载机不超过100 m。

③拖式铲运机的经济距离为200~400 m；自行式铲运机的经济距离为200~1 000 m；链板式铲运机在运距短时，比其他形式的铲运机经济。当运距达1 000 m、道路总阻力(滚动阻力与坡度阻力之和)未超过车重的10%时，双发动机的自行式铲运机较为经济。

④自卸汽车在运距方面适应性较大，100~5 000 m均可使用。如果道路的总阻力超过车重的6%，铲运机不如自卸汽车经济。

采用自卸汽车可直接上坝，施工工艺简单，机动灵活，调度方便快捷，往往是最适宜的运输方案。

9.1.2.3 机械需要量计算

施工机械需要量可根据进度计划安排的日施工强度、机械生产率、机械利用率等参数计算求得。挖掘、运输、碾压机械的台数 N 均按下式计算：

$$N = \frac{Q}{m\eta P} \tag{3-4}$$

式中 Q——计算依据的施工强度，m^3/d；

m——每天计算工作班数，班/d；

η——机械利用率(%)；

P——机械生产率，m^3/台班，挖掘、运输机械一般为自然方，碾压机械为压实方。

其中，机械利用率的定义可用式(3-5)表示：

$$\eta = \frac{\text{计划时段内实出勤台(日、班)数}}{\text{计划时段内制度台(日、班)数}} \quad (\%) \tag{3-5}$$

如果实际出勤台(日、台班)数中包括节假日不停产的台(日、班)数，分母也应加上同样的数。机械利用率是评定机械使用情况的主要指标，它取决于机械的制造质量、生产调度管理水平、维修能力、工作条件(包括气候因素)、操作人员的技术水平等因素。

9.1.3 配套设备需要量计算

土石坝施工中，与之相配套的自卸汽车在数量和所占施工费用比例上都很大，一般都在70%左右，应仔细选择车型和计算需要量。

9.1.3.1 车铲容积比的选择

挖掘机(装载机)和汽车的利用率均达到最高值时的理论车铲容积比，随着运距的增加而提高，随着汽车平均行驶速度增加而降低。合理的车铲容积比见表3-5。

根据已选定的挖掘机斗容量来选取汽车的容量或载重量。

表3-5　车铲容积比

运距/km	<1.0	1.0~2.5	3.0~5.0
挖掘机	3~5	4~7	7~10
装载机	3	4~5	4~5

9.1.3.2　汽车载重量的利用程度计算

计算装满一车厢的铲装次数及汽车实际的载积量(m^3)和载重量(t),以确定汽车载重量的利用程度。

汽车载重量的利用程度是考核配套是否合理的另一个指标。它与车铲容积比、汽车载重量或车厢容积、土壤容重等因素有关。

装满自卸汽车车厢所需的铲装次数(取整数)应满足下列条件:

$$\begin{cases} n \leqslant \dfrac{Q}{W} \\ n \leqslant \dfrac{V}{V_1} \end{cases} \tag{3-6}$$

式中　n——装满一车厢的铲装次数;

Q——自卸汽车的载重量,t;

V——自卸汽车车厢的堆装容量,m^3;

V_1——挖装机械铲斗内料物的松散体积,m^3;

W——铲斗内料物的重量,t,可用下式计算

$$W = \frac{q k_{cn} \gamma}{k_s} \tag{3-7}$$

式中　q——挖掘机铲斗容量,m^3;

k_{cn}——铲斗的充盈系数,一般取0.9;

γ——料物的自然容重,t/m^3;

k_s——料物的可松性系数。

9.1.3.3　计算一台挖掘机(装载机)所需配套的汽车需要量

与挖掘机配套的汽车需要量的理论计算前提是挖掘机前总有一辆汽车待装,这样,挖掘机能充分发挥效率,需要汽车的数量N可由下式计算(取整数):

$$N = \frac{T}{t_1} \tag{3-8}$$

式中　T——一辆汽车的工作循环时间,min;

t_1——装车的时间,min。

用上述方法计算求得的挖掘机械和运输车辆所组成的机群生产率等于挖掘机械的(或是车队的,考虑时间利用系数在内)实际生产率。单台挖掘机配套汽车数量可参考表3-6。

表 3-6 单台挖掘机配套汽车数量参考

挖掘机	汽车/t	运距/km					
		0.5	1.0	2.0	3.0	4.0	5.0
1 m³	8	3	3	4	5	6	6
	10	3	3	4	4	5	5
	12	2	3	3	4	4	5
2 m³	8	4	5	7	8	9	10
	10	4	5	6	7	8	9
	12	3	4	5	6	7	8
	15	3	4	5	5	6	7
	20	3	3	4	4	5	5
3 m³	10	4	5	7	8	9	10
	12	3	4	6	6	7	9
	15	3	4	6	6	7	9
	20	3	4	4	5	5	6
	25	3	3	4	4	5	5
	32	2	2	3	3	4	4
4 m³	15	4	5	6	8	9	10
	20	4	4	5	6	7	8
	25	3	4	5	5	5	6
	32	3	3	4	5	5	6
	45	2	2	3	3	4	6
6 m³	32	5	5	6	6	6	7
	45	3	3	4	4	5	5

注:本表按 1997 年水利水电工程预算定额计算。

9.1.3.4 技术经济比较

用上述方法所计算的汽车数量没有考虑经济因素,在工程实践中,费用指标往往是决

定性因素。因此,还需要进行费用分析。一般用下式分析计算:

$$运输单价 = \frac{每小时或每班的车队费用}{每小时或每班的运输方量} \quad (元/m^3) \tag{3-9}$$

$$运输单价 = \frac{每小时或每班的机群费用}{每小时或每班的机群完成方量} \quad (人) \tag{3-10}$$

设计时应拟订多种方案,分别计算其单价,单价最低者即为最优方案。

9.1.3.5　备用车辆数的确定

一般情况下,应按要求配置备用车辆。当有多台挖掘机同时为几个车队装车时,建议每5辆出勤车配置1辆备用车。对于车多的车队,这一比例可减小一些。总之,应根据以往的施工经验、车辆新旧程度、施工道路路况及现场具体情况来确定备用车辆的数量。

9.1.4　土石坝综合机械化施工机械选择案例

石头河水库心墙土坝,坝高106 m,心墙黏土料工程量为198万 m^3,坝壳砂卵石料573万 m^3,过渡带反滤料32.8万 m^3。施工组织设计中曾拟订如下三个综合机械化挖、运方案:

(1)东方红75型拖拉机牵引2.5 m^3 铲运机和红旗100型拖拉机牵引6~8 m^3 铲运机。

(2)1 m^3 挖掘机配3.5 t和8 t自卸汽车。

(3)2.5~8 m^3 铲运机和60~120 hp(1 hp=0.735 kW)推土机配800~1 000 mm带式输送机。

经过分析论证,方案(3)不仅挖、运单价较低,而且具有施工干扰少、设备及配件供应容易解决、管理方便、运行人员少等优点,故选定该挖、运方案。

开工后,工地采用斗轮式挖掘机配合带式输送机运输,保证了挖、运的连续作业。后来,该工程土料系统采用的施工方案为DW-200型斗轮式挖掘机挖土、带宽1 000 mm的带式输送机运土,坡度为1∶1.13~1∶1.15的半圆形溜槽和带式输送机转运,12 t自卸汽车坝面铺土,推土机平土,25~35 t轮胎碾和8.5 t羊足碾联合碾压。

砂石料系统施工方案为WK-4正铲挖掘机开挖,20 t自卸汽车运输,推土机铺平,25 t轮胎碾压实。

反滤料系统施工方案为1 m^3 拉铲挖掘机开采,3.5 t和8 t自卸汽车运输,推土机平料,25 t轮胎碾压实。

施工机械的数量以坝壳砂卵石料为例,计算如下。

为保证坝体在汛前抢筑到拦洪高程,经计算,汛前的上坝方量为133.6万 m^3,这一施工阶段日历天数为212 d(有效工作日数为139 d),计7个月,昼夜施工。

根据概算指标:WK-4正铲台班产量为667 m^3,20 t自卸汽车当平均运距为5 km时,台班产量为44.5 m^3;25 t轮胎碾台班产量为667 m^3。施工不均匀系数采用1.3,计算各种施工机械的数量为

WK-4挖掘机　　$N_1 = \frac{QK}{P_1} = \frac{3\ 204 \times 1.3}{667} \approx 6(台)$

20 t自卸汽车　　$N_2 = \frac{QK}{P_2} = \frac{3\ 204 \times 1.3}{44.5} \approx 94(台)$

25 ~ 35 t 轮胎碾　　$N_3 = \frac{QK}{P_3} = \frac{3\ 204 \times 1.3}{667} \approx 6$(台)

根据挖掘机的斗容量确定自卸汽车载重量,应满足挖掘机配套的工艺要求。挖掘机斗容量和汽车的载重量的比值应在一个合理的范围内。

按下式计算所选挖掘机装车的斗数 m:

$$m = \frac{Qk_s}{q \cdot k_{cn} \cdot \gamma} \tag{3-11}$$

本实例挖掘机与汽车的配合为 4 m^3 挖掘机装载 20 t 自卸汽车,砂料天然容重为 2.2 t/m^3,充盈系数为 0.9,砂料的松散系数为 0.8,则挖掘机装车的斗数 m 为:

$$m = \frac{20 \times 1.25}{2.2 \times 4 \times 0.9} \approx 3(\text{斗})$$

20 t 的自卸汽车用 4 m^3 挖掘机,每车需要 3 斗,满足配合的工艺要求。

挖掘机挖装机一斗的循环时间 $t_c = 50$ s,汽车的运、卸、回程空返时间(运距 5 km)T_s = 1 980 s,为保证连续工作,每台挖掘机需配置的汽车数量 N 为:

$$N = \frac{T}{t_1} = \frac{T}{mt_c} = \frac{1\ 980}{3 \times 50} = 13(\text{辆})$$

6 台挖掘机所需自卸汽车的总数为:6×13 = 78(辆),小于施工强度所要求的 94 辆自卸汽车数。考虑机械检修、车辆备用及施工现场的道路状况等,设计确定选用:20 t 自卸汽车 109 辆、WK-4 挖掘机 7 台、25~35 t 轮胎碾 7 台。

小浪底主坝开挖工程的主要施工机械配套如表 3-7 所示。

表 3-7　小浪底主坝开挖工程的主要施工机械配套　　单位:台

设备名称	规格	数量	设备名称	规格	数量
挖掘机	日立 2.2 m^3	2	推土机	CAT D8N	9
	日立 5.5 m^3	2		CAT D9N	2
装载机	CAT988F5.9 m^3	3	自卸汽车	PERLINI　36 t	14
	CAT922D10.7 m^3	2		PERLINI　65 t	18
露天钻机	CHA500(2″—4″)	3			
	CHA500(3″—6″)	2			

9.1.5　常用的施工机械

9.1.5.1　挖掘、装载机械

挖掘、装载机械有单斗挖掘机、轮胎式装载机、斗轮挖掘机、链斗式采砂船等,其主要技术性能及其使用特点见表 3-8~表 3-11。

表3-8　几种常用的单斗挖掘机

类型	型号	主要工作装置	斗容量/m^3	发动机功率		使用特点
				柴油机/hp	电动机/kW	
机械传动	W100、WD100	正铲、反铲、拉铲、抓铲、起重	1	120	100	机械传动的履带式挖掘机，受地面和天气变化影响小，且具有较强的挖掘力。正铲挖掘机适用于立面采土，对土质适应性强，其工作速度快、生产率高。拉铲（索铲）挖掘机适于水下和坑下采料
	W100、WD200	正铲、反铲、拉铲、抓铲、起重	2	240	155	
	WD400	正铲	4		250	
	WB-4/40	拉铲	4		425	
液压传动	WY60	反铲、正铲	0.6	80		反铲是液压挖掘机的主要工作装置，适于挖掘一般土壤和挖装爆破良好的石渣，还可挖掘停机坪以下的土方。铲斗操作灵活准确，前卸式铲斗大，能装载大块石渣，生产率高，且可用于修整工作面；底卸式的通用性好，卸料高度大，工作循环时间短（2～3 s），还可利用斗门夹住大块石装车
	WY100	反铲、正铲	1.0	150		
	WT160	正铲	1.6	175		
	WY250	正铲	2.5	300		

表3-9　几种常用的轮胎式装载机

型号	铲斗载重量/kg	铲斗容量/m^3	发动机功率/hp	最大卸料高度/m	前进挡速/（km/h）	后退挡速/（km/h）	产地	使用特点
Z_4-3.5	3 500	1.7	135	2.52	0～6 0～11 0～18 0～34	0～6 0～11 0～18 0～34	中国	行驶速度快、机动性良好、调度方便、生产率高，可在短距离内自铲自运，适于装载散粒材料、挖松的土方、爆破良好的石渣和在干燥的地方作业
Z_4-50	5 000	3.0	220	2.85	0～10 0～35	0～18	中国	
Z_4-90	9 000	5.0	400	3.32	0～10 0～34	0～13	中国	
KSS70	3 800	2.2	145	2.67	0～7.2 0～13.6 0～24 0～38	0～7.2 0～13.6 0～24 0～38	日本	
特雷克斯72-81	工作容量12 250	堆6.89、平5.82	434	3.96	0～7.9 0～14.5 0～24.1	0～9.5 0～17.4 0～27.4	美国	

表 3-10　斗轮挖掘机

型号	斗数/个	斗容量/L	斗轮转速/(r/min)	理论生产率/(m^3/h)	总功率/kW	产地	使用特点
DW-200(原 WUD 400/700)	8	200	5/7.7	400~700	340	中国	适于在土方量大和工作面开阔立面开挖Ⅰ~Ⅳ级土及松散砂砾料,宜与带式输送机和大型工程车辆配合使用;一次投资和拆装搬运费用高
C-500	10	500	70/60/54	2 100		日本	
C-300	8	325	67/50	1 300		日本	

表 3-11　链斗式采砂船

生产率/(m^3/h)	排水量/t	吃水深/m	挖砂斗			挖深/m		动力装置		产地	使用特点
			个数	斗容/L	斗速/(斗/min)	一般	最大	种类	功率/hp		
120	170	0.8		160	22.1		6.5	柴油机	219	中国武昌	适用于在流速 3 m/s 以内和挖掘深度适宜时,挖掘水下砂砾料;当工程量大、水面开阔时,有利于提高生产率
150	225		34	200	0~22	4.5	7.0	柴油机	290	中国江西	
250	1 100		37	400	11 15 10 23	8.0	12.0	柴油发电机组	980	中国武昌	
500	1 200		39	800	1.6 11 16 19 22	12	16	柴油发电机组	980	中国上海	
750	1 732	3.1	79	500	25~37.5	12	20	柴油发电机组	1 700	日本	

9.1.5.2 运输机械

运输机械有自卸汽车和带式输送机等，常用的自卸汽车技术性能见表3-12。

表3-12 常用自卸汽车技术性能

类型	型号	驱动方式	载重量/t	车厢容量/m^3		发动机功率/hp	速度挡数		最高车速/(km/h)	产地	使用特点
				平装	堆装		前进	后退			
机械传动	黄河QD351	4×2	7	4.4		160	3	1	63	中国	载重量30 t以内的自卸汽车，多采用机械传动，虽然传动效率高，但换挡频繁、发动机易熄火，适于在较良好道路上行驶。优点是结构较简单、爬坡能力强、使用可靠
机械传动	小松HD18	4×2	18	10.7	14.2	240	7	1	42	日本	
机械传动	佩尔利尼T20-C203	4×2	20	10.7	12.0	238	6	1	43.8	意大利	
液压机构传动	上海SH380A	4×2	32	16.0	20.0	400	3	1	46.1	中国	载重量30~80 t的多采用动力换挡的液压机械传动。能自动调节车速，操纵简易省力，通过性能良好，能在条件差的道路上行驶。但构造复杂、价格高、维修困难
液压机构传动	小松HD200	4×2	20	11.2	15.2	300	6	1	50	日本	

9.1.5.3 铲运机械

铲运机械有推土机、铲运机等，其主要技术性能及其使用特点见表3-13和表3-14。

表3-13 几种常用的履带式推土机技术性能及其使用特点

类型	型号	发动机功率/hp	推土板尺寸(长×高，mm×mm)	前进挡速/(km/h)	后退挡速/(km/h)	产地	使用特点
机械传动	移山-80	90	3 100×1 100	2.35、3.77、5.39、7.77、10.13	2.78、4.46、6.37、9.18	中国	结构简单，成本低，传动效率高，作业时冲击力大，切土能力强，生产效率较高，人力换挡，换挡频繁，操作不便，驾驶员易疲倦，进退挡位一般各具4~5个
机械传动	T_2-120	120	3 760×1 000	2.28、3.64、4.35、5.24、10.43	2.73、4.37、5.23、7.50	中国	
机械传动	TY-180	180	4 200×1 100	2.43、3.70、5.24、7.52、10.12	3.16、4.81、6.80、9.78	中国	
机械传动	D80A-18	220	3 725×1 315	2.5、3.7、5.3、7.9、9.9	3.0、4.3、6.4、9.4	日本	

续表 3-13

类型	型号	发动机功率/hp	推土板尺寸（长×高，mm×mm）	前进挡速/（km/h）	后退挡速/（km/h）	产地	使用特点
液压机械传动	TY-320	320	4 200×1 600	0~3.7 0~6.8 0~11.8	0~4.5 0~8.2 0~13.7	中国	能自动调速，换挡次数少，驾驶方便，发动机不易熄火；换挡时几乎不中断传动，压力柔和而持续，有利于切削硬土和软岩。但传动效率低，价格较贵，维修困难，进退挡位一般各3个
	B85A-18	220	3 725×1 315	0~3.6 0~6.5 0~11.2	0~4.3 0~7.7 0~13.2	日本	
	D155A-1	320	4 130×1 590	0~3.7 0~6.8 0~11.8	0~4.5 0~8.2 0~13.7	日本	
	卡特彼勒 D9H	410	4 390×1 800	0~4.0 0~6.9 0~10.8	0~5.0 0~8.7 0~13.2	美国	

表 3-14 几种常见的铲运机技术性能及其使用特点

类型	型号	形式	铲斗容量/m^3		发动机功率/hp	满载时最大速度/（km/h）	产地	使用特点
			平装	堆装				
拖式铲运机	C_3-6A	钢索操纵铲斗	6	8	80~100	10.13	中国	牵引力大，铲土可不用助推机，爬坡和在困难地区作业的能力强；但行驶速度慢，经济运距短
	C_6-2.5	液压操纵铲斗	2.5	2.75	54~75	10.31	中国	
自行式铲运机	CL_7	单发动机驱动	7	9	160	40.6	中国	前轴驱动的铲运机操纵灵活，行使速度快，经济运距大，但轮胎易打滑，铲土和爬坡时常用助推机；前后轴驱动的双发动机铲运机和提升自装式铲运机一般不用助推机铲土
	卡特彼勒 627B	前后发动机驱动	10.7	15.3	2×225	54.7	美国	
	卡特彼勒 631D	单发动机驱动	16	23.7	450	48.3	美国	
	卡特彼勒 613B	链板式（提升自装式）		8.4	150	49.9	美国	

9.1.5.4 压实机械

压实机械有羊足碾、轮胎碾、振动碾及夯实机械等。

(1) 羊足碾。国产双联16.4 t(8.2 t×2)羊足碾技术性能见表3-15。

表3-15 国产双联16.4 t(8.2 t×2)羊足碾技术性能

牵引功率/hp	碾尺寸/mm			碾重/t		滚筒尺寸/mm		羊足技术指标			羊足单位压力/MPa	
	总长度	总宽度	高度	空碾	有填料	直径(不包括羊足)	宽度	羊足总数/只	羊足长度/mm	每个羊足压实面积/cm^2	无填料	有填料
80~100	4 300	3 160	1 600	9.00	16.4	1 220	1 200	180	250	44.2	3.92~5.00	5.88~8.83

(2)轮胎碾。轮胎碾适用范围广,对黏性土(含砾质土)和非黏性土都适用。拖式轮胎碾的结构尺寸和重量都较大,加载后的总重一般为8~30 t,重型的可达50~200 t。其生产效率高,压实质量好。YT_3-50轮胎碾技术性能见表3-16。

表3-16 YT_3-50轮胎碾技术性能

牵引功率/hp	碾尺寸/mm			轮胎数目/个	轮胎型号	车厢容积/m^3	碾重/t		碾压宽度/mm	轮胎充气压力/MPa	最大工作速度/(km/h)
	长	宽	高				空碾	有填料			
140	6 996	3 530	2 925	5	1700-32	14	15	50	3 000	0.340~0.785	5.54

(3)振动碾。振动碾压机械主要用来压实非黏性土。碾重一般为5~15 t,振动频率为1 300~3 000次/min,分拖式和自行式两种,拖式振动碾多由履带式拖拉机牵引作业,自行式振动碾多用于筑路工程。拖式振动碾具有结构简单、维修方便、激振力大、生产效率高等特点,振动碾轮有平碾和凸块碾等形式,主要技术性能见表3-17。自行式振动碾具有体积小、机动灵活、使用方便等优点。部分国产自行式振动碾主要技术性能见表3-18。

根据我国目前碾压机械的制造情况,宜用30~50 t轮胎碾和凸块振动碾压实黏性土、砾质土,16.4 t的双联羊足碾压实黏性土,13.5 t的振动碾压实堆石、砂砾料,重2.5 t的夯板夯实砂砾料和狭窄场地的填土,边角部位的黏性土和砾质土宜由H8-60型、H8-20A型蛙式打夯机及YZ-07型手扶振动平碾压实。

表 3-17　国产拖式振动碾主要技术性能

形式	SD80-13.5	YZT-12	YZTYK-8	YZTYK-12
	平碾	平碾	凸块碾	凸块碾
全机质量/kg	13 500	12 000	8 000	13 000
碾轮尺寸/(直径×宽度)(mm×mm)	ϕ1 800×2 000	ϕ1 800×2 000	ϕ1 400×1 720	ϕ1 800×2 000
碾轮质量/kg	3 500	5 800	6 700	6 700
振动频率/(次/min)	1 500~1 800	1 600~1 800	1 800	1 600~1 800
激振力/N		284 490	186 390	284 490
振幅/mm		3.5	1.3	3
激振柴油机额定功率/hp	80	80~120	80	80~120
牵引履带式拖拉机功率/hp	100	100	75	100
牵引速度/(km/h)	2~4	2~4	2~4	2~4
凸块尺寸(长×宽×高,mm×mm×mm)			120×80×100	136×100×120
凸块数量/个			108	126
外形尺寸(长×宽×高,mm×mm×mm)	5 539×2 490×1 930	5 400×2 740×1 950	4 550×2 380×1 400	5 400×2 740×1 950
最大铺料厚度/m	1.0~1.5(堆石)		0.4~0.5(壤土)	

表 3-18　国产自行式振动碾主要技术性能

型号		45ZYA	YZJ10(原 YZ410)
型号		两光轮串联	轮胎光轮铰接
行走方式		自行式	铰接自行式
重量/kg		4 500	10 000
转向轮尺寸(直径×宽度,mm×mm)		ϕ700×1 100	
振动轮尺寸(直径×宽度,mm×mm)		ϕ950×1 100	ϕ1 524×2 134
振动轮线压力/MPa		最大 4.61	13.73
激振力/N		23 053.5	152 002.5
振动频率/(次/min)		最大 2 000	1 700
柴油发动机	型号	485	4135G-4
	功率/hp	35	100
	转速/(r/min)	2 000	1 500

(4)夯实机械。常用的夯实机械有夯板打夯机和蛙式打夯机。2.5 t 夯板技术性能见表 3-19。蛙式打夯机的技术性能见表 3-20。

表 3-19　2.5 t 夯板技术性能

夯板型式	起重机械	夯板质量/t	外形尺寸/mm			夯板底面积/cm^2	单位静压力/MPa
			直径	高度	弓形高		
球面铸铁夯板	W-501 或 W-1001	2.5	1 100	380	60	9 500	0.025 8

表 3-20　蛙式打夯机的技术性能

类型	机重/kg	电机功率/kW	夯击能量/(N·m)	夯板面积/m^2	夯击次数/(次/min)	前进速度/(m/min)	外形尺寸/mm		
							长	宽	高
H8-60	280	3.0	65	0.045	140~150	8~13	1 220	650	750
H8-20A	130	1.1		0.04	100~170		1 000	500	850

9.2　坝面运输布置

9.2.1　坝区运输道路

汽车运输适用性强、机动灵活、管理方便，可以直接上坝，能适应高强度施工要求。目前，自卸汽车运输坝料直接上坝方式已成为普遍采用的方案。此处仅叙述汽车运输道路的布置及技术标准。

9.2.1.1　坝区运输道路布置原则及要求

(1)根据地形条件、枢纽布置、工程量大小、填筑强度、自卸汽车吨级来统筹布置场内施工道路，应用科学的规划方法进行运输网络优化。

(2)运输线路宜自成体系，并尽量与永久道路相结合。永久道路在坝体填筑施工以前完成。运输道路不要穿越居民点或工作区，尽量与公路分离。

(3)连接坝体上、下游交通的主要干线，应布置在坝体轮廓线以外。干线与不同高程的上坝道路相连接，应避免穿越坝肩岸坡，以避免干扰坝体填筑。

(4)坝体内的道路应结合坝体分期填筑规划统一布置，在平面与立面上协调好不同高程的进坝道路的连接，使坝体内临时道路的形成与覆盖(或削除)满足坝体填筑要求。

(5)运输道路的标准应符合自卸汽车吨级和行车速度的要求。实践证明，用于高质量标准道路的投资，足以用降低汽车维修费用及提高生产率加以补偿。路基应坚实，路面应平整，靠山坡一侧设置纵向排水沟，可顺畅排除雨水和泥水，以避免雨天运输车辆将路面泥水带入坝面，污染坝料。

(6)道路沿线应有较好的照明设施，路面照明容量不少于 3 kW/km，确保夜间行车安全。

(7)运输道路应经常维护和保养，及时清除路面散落的石块等杂物，并经常洒水，以减少运输车辆的磨损。

9.2.1.2　上坝道路布置

1. 汽车运输线路布置形式

(1)环形线路。轻、重车分道环形行驶。行车安全,运输效率高,适用于狭长填筑面施工,但临建工程量较大,可优先考虑选用。

(2)往复线路。轻、重车在同一线路上行驶。路面较宽,峡谷地区布置较方便,临建工程量较小,但错车频繁,较弯处不太安全,进出坝面、料场穿插干扰大,且车辆常常偏向一侧重行,对行车不利,用于峡谷地区运输量不大的工程。

(3)混合线路。环形与往复线路混合布置,干线用环形(双行道)线路、坝区和料场用往复(单行道)线路,布置比较灵活。

2. 上坝道路布置方式

上坝道路的布置,应根据坝址两岸地形、地质条件,枢纽布置,坝高,上坝强度,汽车车型、吨位等情况,结合施工总平面布置综合考虑,以利于各施工系统之间的相互联系。其布置方式有岸坡式、坝坡式和混合式。

(1)岸坡式。岸坡式布置分为一岸布置和两岸布置。一岸布置适用于坝区河谷狭窄,一岸平缓,另一岸陡峻或地质条件差,不易修筑道路,上坝强度低,坝高小于 60 m 的情况,路的级差一般为 10~20 m。两岸布置适用于两岸地形、地质有条件布置多级上坝道路,且两岸道路不在同一个高程,便于交替使用,上坝强度较高、填筑面较长的情况,路的级差一般为 20~30 m。

(2)坝坡式。它是指在坝下游坡面设计线以外布置临时性或永久性的上坝道路(临时道路在坝体填筑完成后削除)。坝坡式布置适用于两岸坡度较陡、地质条件较差,或与其他施工布置有较大干扰,且河谷有一定宽度的情况。当地形条件允许时,回头曲线应尽可能布置在坝体以外,道路尽量向岸坡延伸,以减少坝坡上道路长度,坝高一般大于 60 m。

(3)混合式。混合式上坝道路的布置适用于上坝强度大、坝较高,两岸地形狭窄的地区。

在岸坡陡峻的狭窄河谷内,根据地形条件,有的工程用交通洞通向坝区。用竖井卸料以连接不同高程的道路,有时也是可行的。

3. 坝内临时道路布置

(1)堆石体内道路。根据坝体分期填筑的需要,除防渗体、反滤过渡层及相邻的部分堆石体要求平起填筑外,不限制堆石体内设置临时道路,将其布置为"之"字形,道路随着坝体升高而逐步延伸,连接不同高程的两级上坝道路。为了减少上坝道路的长度,临时路的纵坡一般较陡,为 10%左右,局部可达 12%~15%。

(2)穿越防渗体道路。心墙、斜墙防渗体应避免重型车辆频繁穿越,以免破坏填土层面。如上坝道路布置困难,而运输坝料的车辆必须通过防渗体,应调整防渗体填土工艺,在防渗体坝面布置临时道路。穿越防渗体道路的布置形式有台阶式、左右交替式和平起式。

①台阶式。台阶式布置道路变更次数较少,可以铺设路面,虽然运输条件较好,但防渗体不能平起填筑,台阶之间留有横向通缝,接缝处理工作量大。每填筑 5~15 m 高度需要变更一次道路,一般在分期坝段同时填筑时采用。例如,黑河黏土心墙砂卵石堆石坝,

砂卵石料全部取自下游河床，采用 45 t 自卸汽车运输，汽车经由坝下游坡面的永久道路上坝。坝体上游区填料运输，汽车必须穿越心墙。心墙坝面采用分两区平起填筑，在分段处铺设 0.8 m 厚的砂卵石料，形成 12 m 宽的过心墙道路，两区高差 5~10 m。填土前临时道路应全部挖除，并将路基填土层处理合格，方可继续填土，见图 3-1。

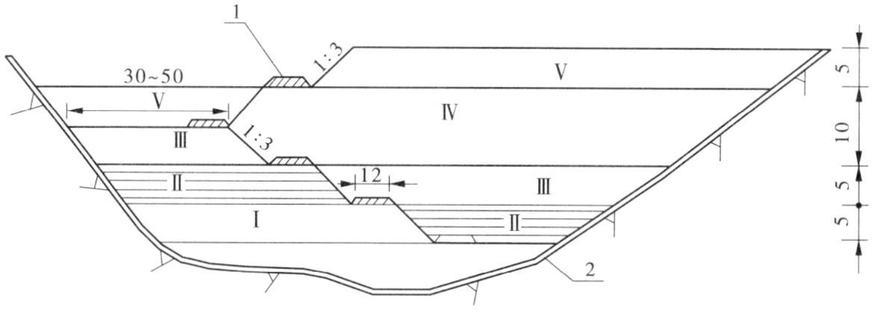

1—道路；2—混凝土盖板；Ⅰ、Ⅱ、Ⅲ、Ⅳ、Ⅴ—心墙填筑层次序。

图 3-1　黑河坝穿越心墙道路布置示意　(单位：m)

②左右交替式。左右交替式适用于坝面最大纵坡小于 10% 的情况。此种方式有利于坝面施工排水，一般没有横向接缝；因有纵坡，碾压机械在纵向斜坡上作业，需要较大的牵引力；当坝轴线过长时，过坝道路可同时设置 2 条以上线路。左右交替既可以是缓坡交替，也可以是陡坡交替，陡坡交替时，在坡段处需要挖除一部分。左右交替式道路布置如图 3-2 所示。

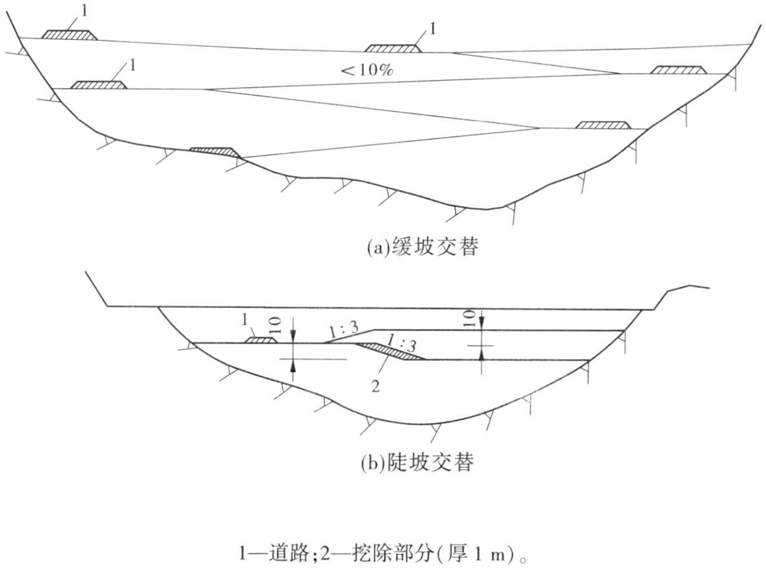

1—道路；2—挖除部分(厚 1 m)。

图 3-2　左右交替式道路布置示意　(单位：m)

③平起式。平起式填筑虽然有利于机械的流水作业施工，但道路变更频繁，不能设置路面，有时易产生过压现象。道路多布置在施工流水区段的分界处，每填筑 2~3 层反滤料后变更一次道路位置，道路处的填筑层数较多，对大面积施工稍有干扰。防渗体平起施

工横穿道路布置如图 3-3 所示。

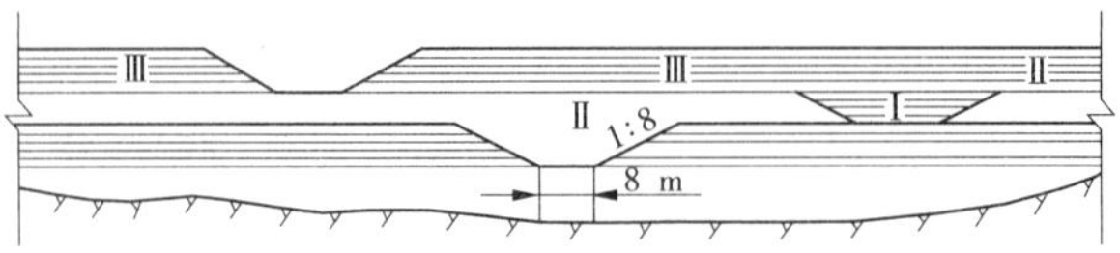

Ⅰ、Ⅱ、Ⅲ—填筑层顺序。

图 3-3 防渗体平起施工横穿道路布置

9.2.2 运输道路技术标准

土石坝施工道路的技术等级和参数，由于工程规模、地形条件、汽车型号等的差异，当前国内土石坝工程修筑道路采用(参考)的技术标准尚不一致。有的工程采用露天矿山标准，有的工程采用公路标准。根据小浪底、黑河、天生桥一级等工程的施工经验，土石坝施工道路推荐采用露天矿山道路Ⅱ级及Ⅲ级技术标准修建，建议一级坝用Ⅱ级道路标准，二级坝用Ⅲ级道路标准。部分工程施工道路技术标准见表 3-21。

表 3-21 部分工程施工道路技术标准

序号	项目	单位	小浪底	黑河	鲁布革	碧口	天生桥
1	坝体总填筑量	万 m^3	4 900	820	222	397	1 800
2	坝体填筑高峰强度	万 m^3/月	157	57	22.3	27.7	118
3	行车密度	车次/h	30~85	26~68			
4	汽车载重量	t	65	45	10~20	12.5	32
5	采用标准		露矿Ⅱ级	露矿Ⅱ级			露矿Ⅱ、Ⅲ级
6	路面宽	m	16.5	12	10	8	11~13
7	最大跨度		8%	8%	6%	11%	
8	最小转弯半径	m	30	15		10	
9	路面结构		泥结碎石	泥结碎石		土路	混凝土

9.2.3 上坝道路布置案例

(1)碧口坝坝区道路布置。碧口工程为黏土心墙坝，坝高 100 m，坝顶长 297 m，填筑方量 420 万 m^3。坝区岸坡陡峻，溢洪道施工时对岸坡道路干扰较大，结合坝体斜坡布置上、下游坝坡式上坝道路，最大纵坡 11%，其布置如图 3-4 所示。

(2)升钟坝坝区道路布置。升钟工程为黏土心墙坝，坝高 79 m，坝顶长 429 m，填筑方量 359 万 m^3。坝区岸坡较陡峻，岩石多为水平层状砂岩构造，修筑岸坡式上坝道路较容易，因此布置较多的岸坡式上坝公路。每层道路控制坝体填筑上升高度 10~15 m，道路纵坡控制在 10%以内，其布置如图 3-5 所示。

(3)天生桥一级水电站工程。天生桥一级水电站工程为混凝土面板堆石坝，左岸岸坡较陡，右岸稍缓，上坝材料为右岸溢洪道的开挖料。主要运输线路布置在右岸下游坝坡，控制高差 30~40 m，下游坝坡道路和上游道路配合进料。其布置如图 3-6 所示。

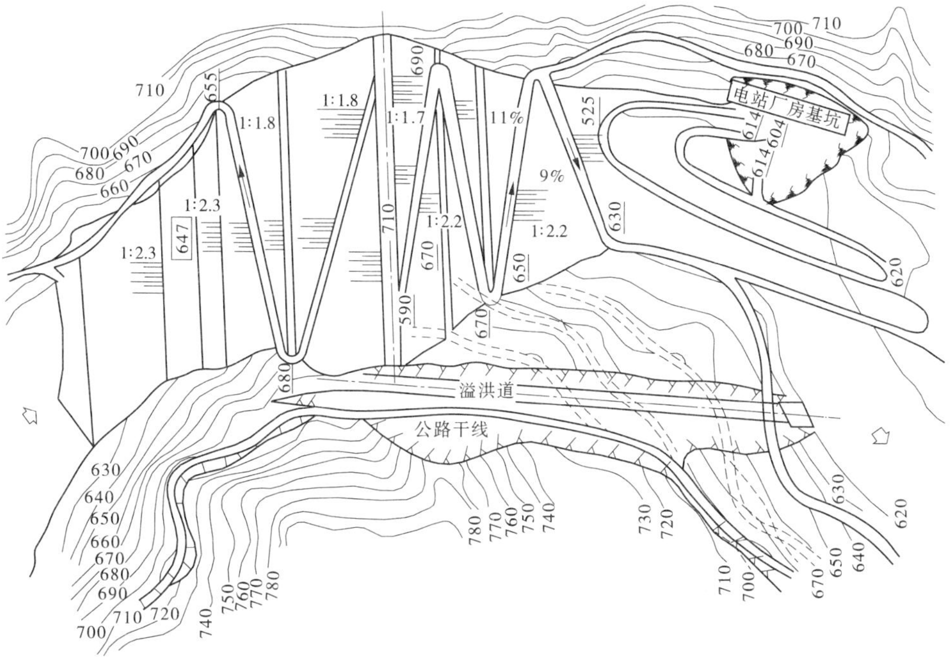

图 3-4　碧口坝坝区道路布置　（单位：m）

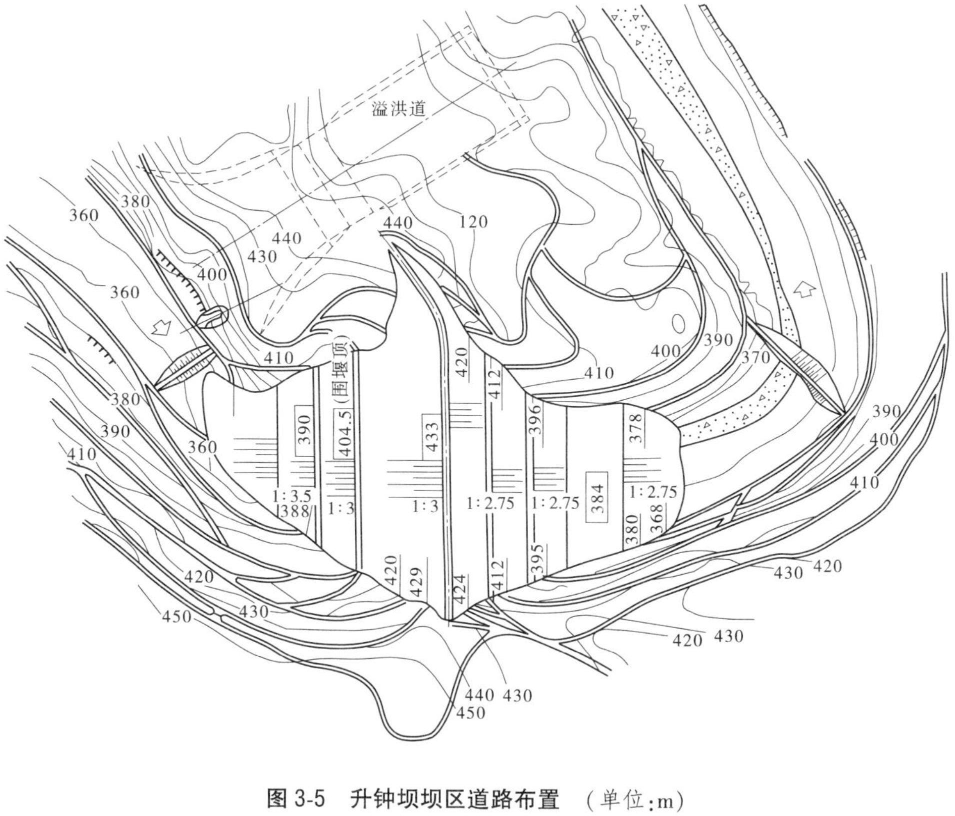

图 3-5　升钟坝坝区道路布置　（单位：m）

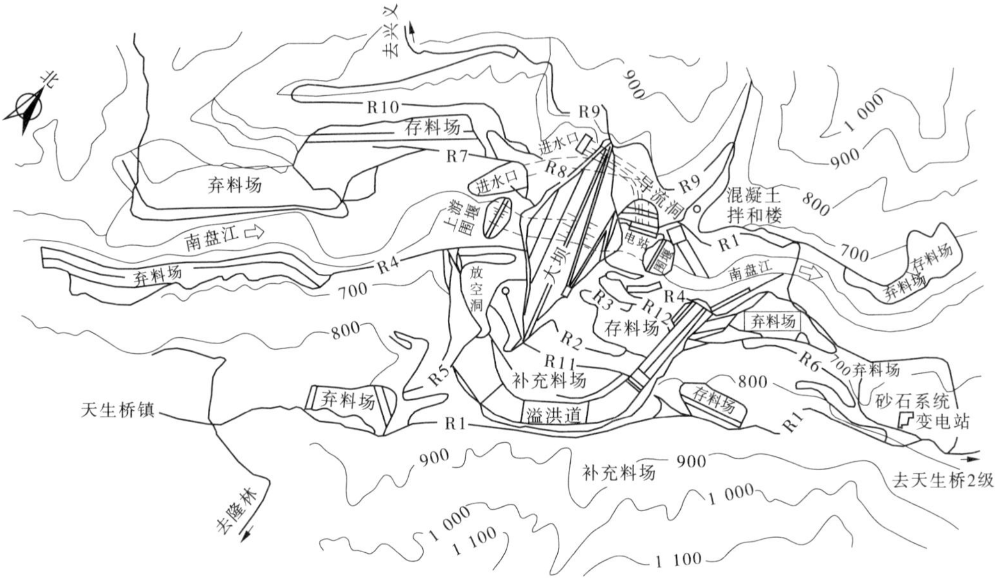

图 3-6　天生桥一级水电站工程施工平面布置　(单位:m)

(4)车坝工程坝区道路布置。车坝工程坝区处于深山峡谷地带,右岸稍缓,左岸陡峻,所有料场均在右岸上下游地区。溢洪道设在右岸。上坝道路为岸坡式,路面宽 8 m,纵坡 10%左右,个别地段最大为 18%,坡长限制在 300~400 m,平均道路级差 15 m。车坝工程坝区道路布置如图 3-7 所示。

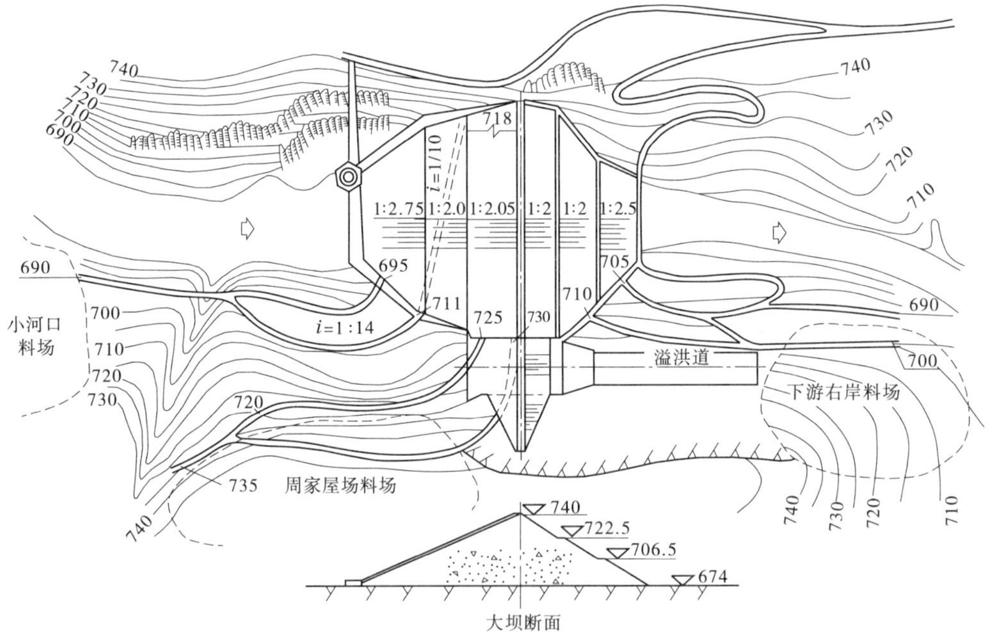

图 3-7　车坝工程坝区道路布置　(单位:m)

9.3　坝体填筑

9.3.1　土料防渗体施工

9.3.1.1　坝面流水作业

1. 坝面作业的特点

坝面作业主要工序有卸土、平土、压实、质量检查。此外，还有洒水或晾晒(控制含水率)、刨毛(平碾碾压时)、修整边坡、修筑反滤层和排水体及护坡等辅助工序。由于工作面小、工序多、工种多、机具多，若施工组织不当，将产生干扰，造成窝工，延误进度，影响施工质量。所以，常采用流水作业法施工。

2. 坝面流水作业的实施

流水作业法施工，是根据施工工序数目将坝面划分成几个施工段，组织各工种的专业施工队相继投入到所划分的施工段上同时施工。对同一施工段而言，各专业队按工序依次进入，连续进行施工；对各专业队，则不停地轮流在各个施工段完成本专业的施工工作。实施坝面流水作业，施工队作业专业化，有利于工人技术熟练和提高；施工过程中充分利用了人、地、机具，避免了施工干扰和窝工，有利于坝面作业。对于某高程的坝面，流水施工段数 M 可按下式计算：

$$M = \frac{\omega_{坝}}{\omega_{班}} \tag{3-12}$$

式中　$\omega_{坝}$——某施工时段坝面工作面积，可按设计图纸由施工高程确定，m^2；

$\omega_{班}$——每个流水班次的铺土面积，m^2，其中，$\omega_{班} = \frac{Q_{运}}{h}$，$Q_{运}$ 为每个流水班次的运输量，h 为土厚度，m。

如以 N 表示流水工序数目，当 $M=N$ 时，说明流水作业中人、地、机具三不闲；当 $M>N$ 时，说明流水作业中人、机具不闲，但有工作面空闲；当 $M<N$ 时，说明人、机具有窝工现象，流水作业不能正常进行。出现 $M<N$ 的情况是由于坝体升高、工作面减小或划分的流水工序过多，可采用缩小流水单位时间、增大 M 值的办法，或合并一些工序，以减小 N 值，使 $M=N$。图3-8为三个施工段、三道工序的流水作业。

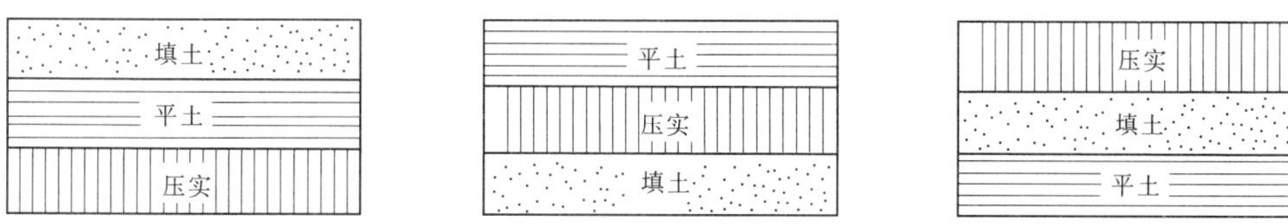

图3-8　坝面流水作业示意

流水作业方向和工作段的划分要与坝面平面尺寸相适应，坝面流水工作段布置形式见表3-22。完成填筑一层土料的作业时间，应控制在一个班以内，最多不应超过一个半班。冬夏季施工，为防止热量和水分散失，应尽量缩短流水作业时间。

工作段的平面尺寸一般应满足施工机械正常作业的要求，宽度一般应大于碾压机械保证能错车压实的最小宽度,或卸料汽车最小转弯半径的2倍,长度主要考虑碾压机械作业要求,一般为40~80 m。

表3-22　坝面流水工作段布置形式

工作段布置形式	图示	适用条件
垂直坝轴流水	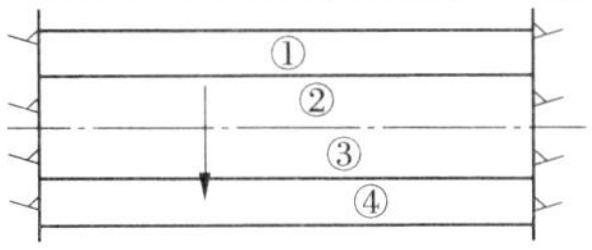	坝体底部或心墙宽度较大,一般宽度为40~80 m
平行坝轴流水	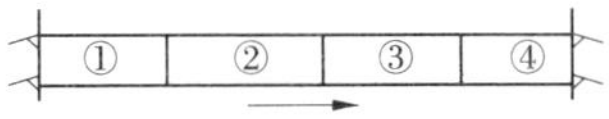	坝体顶部或心墙宽度较小,一般宽度为10~20 m
交叉流水	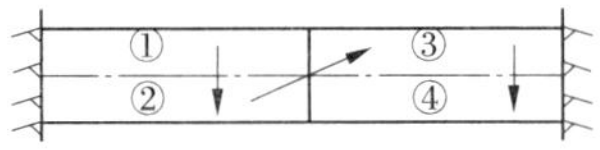	心墙面长、宽尺寸相近,一般宽度为80 m以上

注:①、②、③、④分别表示铺土、平土、碾压、质检工序;→表示流水作业方向。

9.3.1.2　土料铺填

1.土料铺料

铺料分为卸料与平料两道工序。防渗体土料铺筑应沿坝轴线方向进行,采用自卸汽车卸料、推土机平料,可增加平地机平整工序,便于控制铺土厚度和坝面平整。推土机在平料过程中,应采用仪器或钢钎及时检查铺层厚度,发现超厚部位应立即进行处理。土料与岸坡、反滤料等交界处应辅以人工仔细平整。铺料应注意以下几点:

(1)进占法铺料。防渗体土料应用进占法卸料,即汽车在已平好的松土层上行驶、卸料,用推土机向前进占平料,如图3-9所示。这种方法对已压实合格土料不会造成过压,防止了剪力破坏,同时铺料不会影响洒水、刨毛作业。

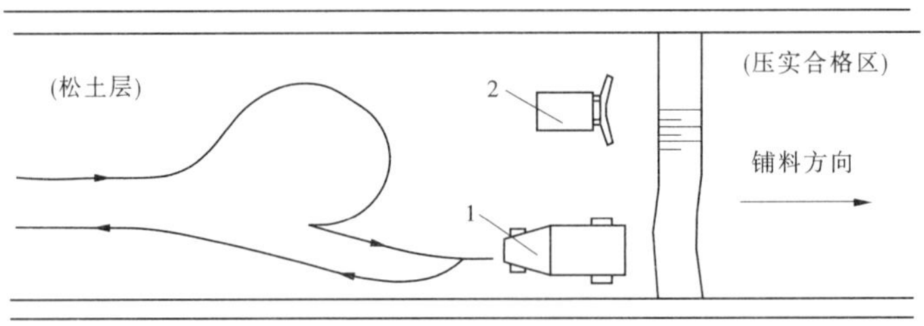

1—自卸汽车;2—推土机。

图3-9　汽车进占法铺料

(2)后退法铺料。汽车在已压实合格的坝面上行驶并卸料,如图3-10所示。此法虽然卸料方便,但对已压实土料容易产生过压,对砾质土、掺和土、风化料可以选用。应采用轻型汽车(20 t以下),在填土坝面重车行驶路线要尽量短,且不走一辙,控制土料含水率略低于最优值。

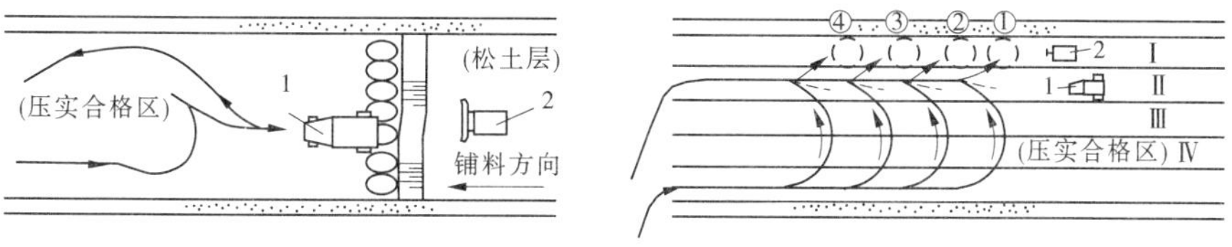

(a)垂直坝轴线方向卸料　　(b)平行坝轴线方向卸料

①、②、③、④—汽车卸料顺序；Ⅰ、Ⅱ、Ⅲ、Ⅳ—推土机平料顺序；1—自卸汽车；2—推土机。

图 3-10　汽车后退法铺料

(3)车辆穿越防渗体应设临时“路口”，以免车辆因穿越反滤层时将反滤料带入防渗体内，造成土料和反滤料边线混淆，影响坝体质量。坝面运土汽车道路布置见图 3-11。“路口”每隔 40~60 m 设一个，尽量减少载重车辆在土料坝面的行驶距离；“路口”应经常变换位置，不同填筑层应交错布置；“路口”超压及混入坝壳砂石料的土体，应及时挖除，按要求重新填土。

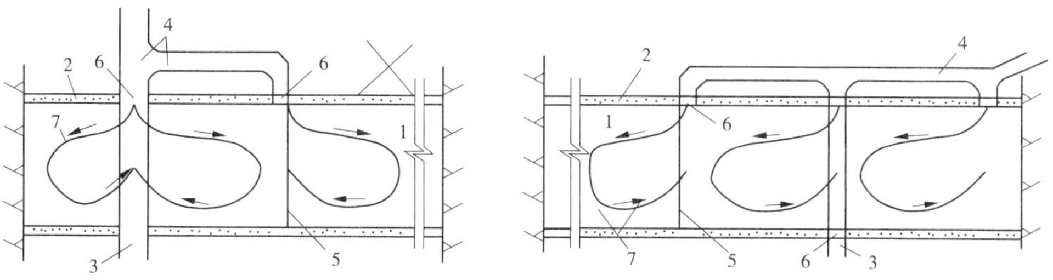

1—心墙或斜墙；2—反滤层；3—穿越心墙临时道路；4—运土道路；
5—填土工作段界限；6—专用路口；7—运土汽车行驶路线。

图 3-11　坝面运土汽车道路布置

(4)斜墙坝铺筑时应向上游倾斜 1%~2%的坡度，对均质坝、心墙坝应使坝面中部凸起，向上下游倾斜 1%~2%的坡度，以便排除坝面雨水。

当通过心墙运输坝壳料的车流量很大或车型大于 32 t 以上时，应用砂石料铺设专用道路，路基部位填土前应清除砂石填料。

2. 土料压实

宜用凸块振动碾进行碾压，碾重为 10~20 t，压实厚度达 30~40 cm，一般碾压 4~8 遍可达设计要求。压实后表层有 8~10 cm 的松土层，填土表面不需刨毛处理。凸块振动碾因其良好的压实性能，国内外已广泛采用，成为防渗土料的主要压实机具。在碾压中应注意：

(1)宜用进退错距法沿坝轴方向进行压实。此法碾压与铺土、质检等工序分段作业容易协调，便于组织平行流水作业。当碾压遍数较少时也可采用一次先压够遍数、再错车的方法。

(2)分段碾压碾迹搭接宽度，垂直碾压方向为 0.3~0.5 m，顺碾压方向应为 1.0~1.5 m。碾压行车速度一般控制在 2~3 km/h，且不得超过 4 km/h。防渗体截水槽内或与岸坡接合处，应用专用设备在划定范围沿接坡方向碾压。

(3)当土料的含水率大于施工控制含水率上限的1%以内时,碾压前可用圆盘耙或犁在填筑面进行翻松晾晒;在干燥和气温较高天气,为防止填土表面失水干燥,应做喷雾加水养护。当上坝土料的平均含水率与碾压施工含水率相差不大,仅需增加1%~2%时,可用汽车在坝面直接洒水。加水后的土料一般应用圆盘耙或犁使其掺和均匀。

(4)当使用平碾、气胎碾及轮胎牵引自行凸块碾等机械碾压时,在坝面将形成光滑的表面。为保证土层之间接合良好,对于中高坝防渗体或窄心墙,铺土前必须将压实合格面洒水湿润并刨毛深4~5 cm。对低坝,经试验论证后可以不刨毛,但仍须洒水湿润,严禁在表面土干燥状态下,在其上铺填新土。

3. 土料填筑

防渗体与坝基、岸坡、混凝土墙等接合部位的填筑,须采用专用机具、专门工艺进行施工,确保填筑质量。

(1)截水槽回填。槽基处理完成后,排除渗水,从低洼处开始填土,不得在有水情况下填筑。当槽内填土厚度在0.5 m之内时,可采用轻型机具(如蛙式夯等)薄层碾压;当槽内填土厚度超过0.5 m时,可采用选定的压实机具和压实参数压实。

(2)防渗体与坝基接合部位填筑。在坚硬岩基或混凝土盖板上,开始几层填料可用轻型碾压机具直接压实,填筑至少0.5 m以上时,方允许用凸块碾或重型气胎碾碾压。黑河坝心墙岩石基础浇筑0.5~1.0 m厚混凝土盖板,规定混凝土盖板上1.0 m厚以内填土,采用20 t气胎碾碾压,压实层厚12 cm;1.0 m以上填土采用17 t振动凸块碾压实。

(3)当在混凝土或岩面上填土时,应洒水湿润,并边涂刷浓泥浆、边铺土、边夯实,泥浆涂刷高度须与铺土厚度一致,并应与下部涂层衔接,严禁泥浆干涸后再铺土和压实。泥浆土与水质量比宜为1:2.5~1:3.0,涂层厚度为3~5 mm。

(4)防渗体与岸坡接合带的填土,其含水率应调至施工含水率上限,选用轻型碾压机具薄层压实,不得使用凸块碾压实,防渗体与接合带碾压搭接宽度不应小于1.0 m。局部碾压不到的边角部位,可使用小型机具压实。

(5)混凝土墙、坝下埋管两侧及顶部0.5 m范围内填土,必须用小型机具压实,其两侧填土应保持均衡上升。

接合部位填土压实方法见表3-23。

4. 填土接缝处理

防渗体和均质坝的横向接坡不宜陡于1:3,高差不宜超过15 m。在龙口段或其他特殊部位,需采用更陡的接合坡度与更大高差时,应提出论证。坝体设置纵横接坡的实例见表3-24,这些坝的运用情况正常。

(1)斜墙和窄心墙内一般不应留有纵向接缝。均质土坝可设置纵向接缝,宜采用不同高度的斜坡与平台相间形式,平台间高差不宜大于15 m。

(2)坝体接缝坡面可使用推土机自上而下削坡,适当留有保护层随坝体填筑上升,逐层清至合格层。接合面削坡合格后,要控制其含水率为施工含水率范围的上限。

9.3.2 反滤层施工

反滤层填筑与相邻的防渗体土料、坝壳料填筑密切相关。合理安排各种材料的填筑顺序,既可保证填料的施工质量,又不影响坝体施工速度,这是施工作业的重点。

表 3-23　靠近岸坡或混凝土建筑物土料压实方法

压实机械	施工要点及适用条件	优缺点
蛙夯、手扶式振动碾等小型压实机具	岸坡表面不平整,坡度较陡; 靠岸坡或建筑物 1.5~2.0 m 宽度内人工铺土、薄层压实	优点是可以压实大型机械不易到达的部位,适应性强; 缺点是用人多、层厚小、施工干扰大
轻型气胎碾(20~30 t)	岩石或混凝土盖板岸坡、土岸坡、坡面比较平顺,推土机铺料、气胎碾沿坡方向压实	铺层厚度较大,碾压参数控制方便,接合部位与大面积平起填筑
载重装载机	岸坡较平顺、推土机铺料、装载机沿坡方向碾压	铺层厚度较大,可与大面积平起填筑,碾压参数不易控制
人工机具(木榔头、杵子等)	岸坡陡、表面凹凸不平,机械难以到达的部位采用;人工铺料、夯打,是配合机械压实的辅助作业	人工作业

表 3-24　坝体设置纵横接坡的实例

坝名	设置接坡原因	接坡部位	接坡要素		
			接坡性质	接坡坡度	最大高差/m
清河	度汛临时断面	斜墙	纵向坡	1:2.50	10.0
大伙房	临时分期施工	心墙龙口	横向坡	1:1.50	10.0
岳城	度汛临时断面	均质坝体下游坡	纵向坡	1:1.50	9.5
	分期施工	均质坝体	横向坡	1:3.00	
密云	度汛要求	斜墙	纵向坡	与斜墙边坡同	6.0
碧口	分期施工	心墙	纵向坡	1:1.75	11.0
	分期施工	心墙	横向坡	1:2.50	10.0
石头河	截流龙口	心墙	横向坡	1:2.00	17.0
南湾	分期施工	心墙	横向坡	1:3.00	18.0
小浪底	分期施工	斜心墙	横向坡	1:3.00	<20.0
黑河	分期施工	心墙	横向坡	1:3.00	<15.0

9.3.2.1　*反滤层填筑方法*

土砂松坡接触平起法是目前广泛采用的施工方法。该方法允许反滤料与相邻土料"犬牙交错"、跨缝碾压,能适应机械化施工,已成为趋于规范化的施工方法。一般分为先砂后土法和先土后砂法。

(1)先砂后土法,即先铺反滤料,后铺土料。当反滤层宽度小于 3 m 时,铺 1 层反滤料,填 2 层土料,碾压反滤料并骑缝压实与土料的接合带。因先填砂层与心墙填土收坡方向相反,为减少土砂交错宽度,碧口、黑河等坝在铺第二层土料前,采用人工将砂层沿设计线补齐，如图 3-12 所示。对于高坝，反滤层宽度较大，机械铺设方便，反滤料铺层厚度与土料相同，平起铺料和碾压。如小浪底斜心墙，下游侧设两级反滤料，一级（0.1~20 mm）宽 6 m，二级（5~60 mm）宽 4 m，上游侧设一级反滤料（0.1~60 mm）宽 4 m，其填筑次序见图 3-13。先砂后土法由于土料填筑有侧限，施工方便，工程较多采用。

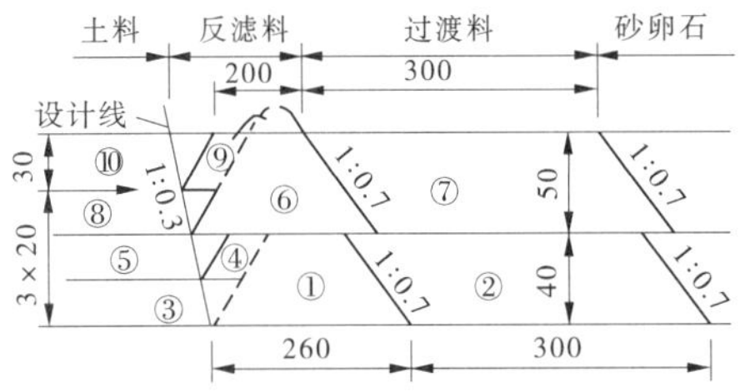

①、②、③—填土顺序（①、②、③、④、⑤、⑧—压实区；⑥、⑦、⑨、⑩—未压实区）。

图 3-12　先砂后土法填筑次序（黑河坝）

（单位：cm）

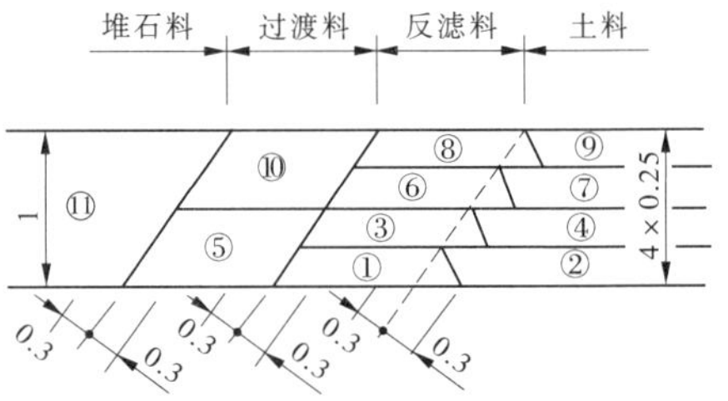

①、②、③、…、⑪—填土顺序。

图 3-13　多区料填筑次序（小浪底坝）

（单位：m）

（2）先土后砂法。先土后砂法是先填压一层（或二至三层）土料，然后铺一层反滤料与土料齐平，再对反滤料的土砂边沿部分进行压实，如图 3-14 所示。由于土料压实时，表面高于反滤料，土料的卸、铺、平、压都是在无侧限的条件下进行的，很容易形成超坡。当连续晴天时，土料上升较快，应注意防止土体干裂。

9.3.2.2　反滤料填筑

反滤料填筑分为卸料、铺料、界面处理和压实几道工序。

（1）卸料。采用自卸汽车卸料，车型的大小应与铺料宽度相适应，卸料方式应尽量减少粗细料分离。当铺料宽度小于 2 m 时，宜选用侧卸车或 5 t 以下后卸式汽车运料。当选用较大吨位自卸汽车运料时，可采用分次卸料或在车斗出口安装挡板，以缩窄卸料出口宽度。

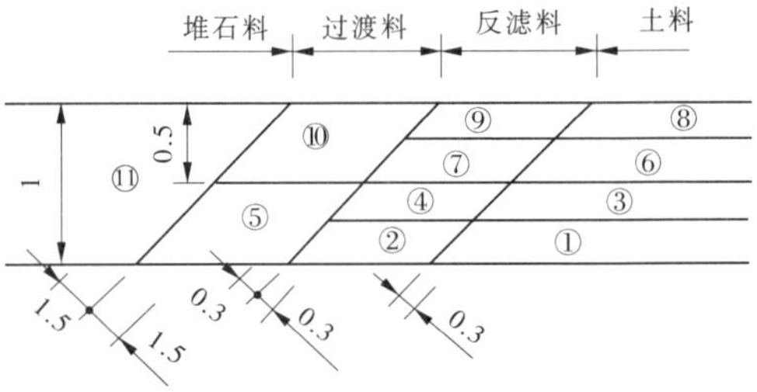

①、②、③、④、…、⑪—填土顺序。

图 3-14　先土后砂法填筑次序（小浪底坝）

（单位：m）

为了减少反滤层与土料及堆石料分区界面上粗细料的分离，方便界面上超径石的清除，自卸汽车卸料次序应“先粗后细”，即按“堆石料—过渡料—反滤料”次序卸料。当反滤层宽度大于 3 m 时，可沿反滤层采用后退法卸料。反滤料在备料场加水保持潮湿，也是减少铺料分离的有效措施。

（2）铺料。一般较多采用小型反铲（斗容 1 m^3）铺料，也有使用装载机配合人工铺料，当反滤层宽度大于 3 m 时，可采用推土机摊铺平整。

（3）界面处理。反滤层填筑必须保证其设计宽度，填土与反滤料的“犬牙交错”带宽度一般不得大于填土层厚的 1.5 倍。小浪底与黑河坝均规定此宽度小于 30 cm。为了保证填料层间过渡，要避免界面上的超径石集中现象，可使用小型反铲将超径石移放至与本层相邻的粗料区或坝壳堆石区。

9.3.2.3 反滤料压实

(1)压实机械。普遍采用的是振动平碾,压实效果好,效率高,与坝壳堆石料压实使用同一种机械。因反滤层施工面狭小,应优先选用自行振动碾。

(2)反滤料碾压的一般要求。当防渗体土料与反滤料、反滤料与过渡料或坝壳堆石料填筑齐平时,必须用平碾骑缝碾压,跨过界面至少 0.5 m。

(3)反滤层压实工程实例见表3-25。

表3-25 反滤层压实工程实例

工程名称	施工年份	施工方法	压实机具	压实施工要点	土砂接合部填土质量
碧口(心墙)	1969~1976	先砂后土法或先土后砂法(1砂3土)	砂:13.5 t振动碾; 土:16.4 t羊足碾; 土、砂接缝:2.5 t夯板	1. 先用振动碾碾压,再用夯板夯打接缝填土; 2. 土砂混合料在上新料前要用人工进行清理并置于心墙边10 cm范围内,与新料一同压实	达到 1.62~1.82 t/m^3(设计填土密度 1.7 t/m^3)
石头河(心墙)	1976~1982	先砂后土法(1砂2土)	砂:14.0 t振动碾; 土:羊足碾和气胎碾	1. 每压实一层土料后,人工挖除土砂接合部位不合格土料; 2. 振动碾碾压6~8遍,并骑缝压实土砂接合带,压实土料宽度不小于0.5 m	土、砂接缝设计填土干密度 1.65 t/m^3,合格率为70.3%
升钟(心墙)	1977~1982	挡板法	砂:HZR250型平板振动打夯机; 土:靠反滤砂0.8 m宽范围内用蛙夯夯实	1. 在挡板保护下先夯实实心墙土料,并给砂料洒水,洒水量为填砂量的25%~30%; 2. 拔出挡板,夯砂料7~9遍	
鲁布革(心墙)	1982~1989	先砂后土法(1砂2土)	砂:碾重10.6 t,自行振动平碾; 土:碾重8.7 t,自行振动凸块碾	1. 心墙土料压实层厚25 cm; 2. 接合带用装载机轮胎补压	
小浪底(斜心墙)	1994~2001	先砂后土法、先土后砂法	砂:碾重17 t,自行振动平碾; 土:碾重17 t,自行振动凸块碾	1. 反滤料与土料铺层厚度相当(0.25),振动平碾骑缝碾压; 2. 2层反滤料与1层过渡料齐平,2层过渡料与1层堆石齐平,跨缝碾压	

9.3.3 坝壳料施工

土石坝坝壳料按其材料分为堆石、风化料、砂砾(卵)石三类。不同材料由于其强度、级配、湿陷程度不同，施工采用的机械及工艺也不尽相同。

9.3.3.1　坝面作业规划

坝面填筑作业包括铺料、碾压、取样检查三道主要工序，还有洒水、超径石处理等辅助工作。坝壳特殊部位，如分期填筑接缝、靠近岸坡接合带及坝体上下游坡面应采用专门施工方法进行处理。为了提高施工效率，避免相互干扰，坝面各工序应按流水作业法连续进行。

(1)根据坝体填筑分期规划，将同一期填筑坝面按主要工序数目划分为几个面积大致相等的填筑区段，在各区段依次完成填筑的各道工序。为便于碾压机械操作，区段长度以50~100 m为宜。

(2)坝壳料的填筑始终应保证防渗体的上升。少雨期填筑与防渗体相邻的坝壳料，多雨期或负气温期填平补齐上下游坝壳料。

(3)坝壳料填筑应与拦洪度汛要求密切结合，汛前安排填筑坝体上游部分断面，满足拦洪度汛高程，汛期则可继续填筑下游部分坝体，尽可能实现均衡施工。

(4)坝壳料区可以根据需要设置上坝临时施工道路，填料分区应与临时道路布置通盘规划，以减少不同工序施工机械相互干扰。

9.3.3.2　坝料铺料

(1)坝壳料铺填机械。自卸汽车运输直接上坝，总结国内外土石坝施工经验可以得出，坝体方量在500万m^3以下的，以30 t级以下为主；坝体方量大于500万m^3的，应以45 t级以上为主。选用的推土机，为了便于控制层厚，不影响汽车卸料作业，其动力应与石料最大块径、级配相适应，功率一般不宜小于150 kW，225 kW以上功率也是可取的。

(2)壳料铺填方法。坝壳石料铺料基本方法分为进占法、后退法、混合法三种，汽车运输不同铺料方法比较见表3-26。不管用何种铺料方法，卸料时要控制好料堆分布密度，使其摊铺后厚度符合设计要求，不要因过厚而难以处理，尤以后退法铺料更需注意。

表3-26　汽车运输不同铺料方法比较

铺料方法	图示	特点及适用条件
进占法	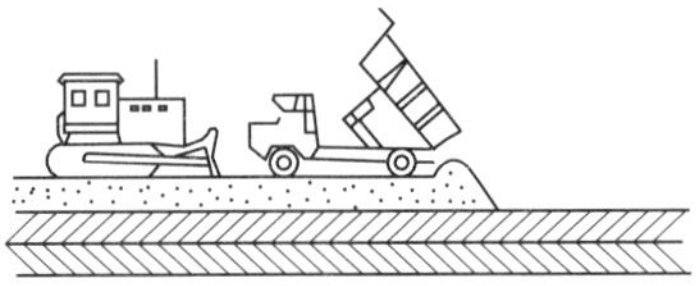	推土机平料容易控制层厚，坝面平整，石料容易分离，表层细粒多，下部大块石多，有利于减少施工机械磨损，堆石料铺填厚度1.0 m
后退法		可改善石料分离，推土机控制不便，多用于砂砾石和软岩；层厚一般小于1.0 m
混合法	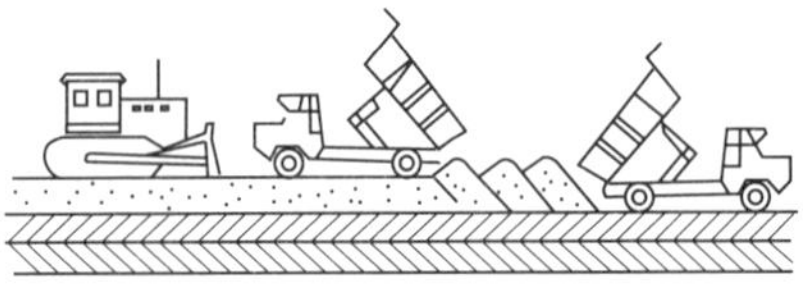	适用于铺料层厚大(1.0~2.0 m)的堆石料，可改善分离，减少推土机平整工作量

(3)坝面超径石处理。对于振动碾压实,石料允许最大粒径可取稍小于压实层厚;气胎碾可取层厚的1/2~2/3。超径石应在料场内解(二次爆破)小,少量运至坝面的大块石或漂石,在碾压前应做处理。一般是就地用反铲挖坑将之掩埋在层面以下,或用推土机移至坝外坡附近,作护坡石料。少量超径石也可在坝面用冲击锤解小。

(4)部分土石坝坝壳料铺填工程实例见表3-27。

表3-27 部分土石坝坝壳料铺填工程实例

工程名称	坝高/m	坝型	坝体填筑量/万 m^3	料物类别	自卸汽车吨位/t	卸料方式	铺层厚/m	铺料推土机动力/hp	振动平碾/碾重/t	完建年份
鲁布革	103.8	心墙	396	堆石	20	进占法	0.8~1.0	320	10.6(自)	1989
小浪底	154	斜心墙	4 900(3 163.8)	堆石	60	进占法	1.0	287	17(自)	2000
黑河	130	心墙	825(603)	砂砾(卵)石	45	后退法	1.0	520	17.5(自)	2001
菲尔泽	165.6	心墙	808.6(610.9)	堆石	20~32	混合法	2.0	100	13.5(拖)	20世纪70年代
碧口	101.8	心墙	397	砂砾石堆石	12.5	进占法	1.0~1.5	120	13.5(拖)	1979
石头河	114	心墙	835(614)	砂砾(卵)石	18	后退法	1.0	100	13.5(拖)	1981

注:1. 坝体填筑量栏为填筑总量,括弧内为坝壳料填筑量;

2. 表中碾重对于自行式为总极重,(自)为自行式振动平碾,自行式碾总重约为碾磙重的1.5倍;(拖)为牵引式振动平碾;

3. 菲尔泽为我国援建阿尔巴尼亚的工程。

9.3.3.3 坝料压实

坝壳透水料和半透水料的主要压实机械有振动平碾、气胎碾等。振动平碾适用于堆石与含有漂石的砂卵石、砂砾石和砾质土的压实。振动平碾压实功能大,碾压遍数至少4~8遍,压实效果好,生产效率高,应优先选用。气胎碾可用于压实砂、砂砾料、砾质土。

1. 碾压要求

(1)除坝面特殊部位外,碾压方向应沿轴线方向进行。一般均采用进退错距法作业。在碾压遍数较少时,也可采用一次先压够后再行错车的方法。

(2)施工主要参数铺料厚度、碾压遍数、加水量等要严格控制,还应控制振动碾的行驶速度,符合规定要求的振动频率、振幅等参数。振动碾应定期检测和维修,始终保持在正常工作状态。

(3)分段碾压时,相邻两段交接带的碾迹应彼此搭接,垂直碾压方向,搭接宽度应不小于0.3~0.5 m,顺碾压方向应不小于1.0~1.5 m。

2. 施工加水

为提高堆石、砂砾石料的压实效果，减少后期沉降量，一般应适当加水，但大量加水需增加工序和设施，影响填筑进度。

(1)加水的作用。除在颗粒间起润滑作用以便压实外，更重要的是软化石块接触点，在施工期间造成石块尖角和边棱破坏，使堆石体更为密实，以减少坝体后期沉降量。砂砾料在洒水充分饱和条件下，才能达到有效的压实效果。

(2)加水量。堆石加水量依其岩性、风化程度而异，一般为填筑量的10%~25%；砂砾料的加水量宜为填筑量的10%~20%，对粒径小于5 mm、含量大于30%及含泥量大于5%的砂砾石，其加水量宜通过试验确定。对于软化系数大、吸水率低(饱和吸水率小于2%)的硬岩，加水效果不明显，也可不加水碾压。例如，小浪底坝上游坝壳堆石料为硅质细砂岩，平均饱和抗压强度为189 MPa，饱和吸水率平均值为0.185%，软化系数为0.83，为极硬岩。曾进行2次加水与不加水的碾压对比试验，结果表明，堆石料在填筑中加水量为50%左右，比不加水时干密度增加0.006%~0.013%，影响甚微。经过综合比较，采用不加水方法。

(3)加水方法。一般多用供水管道人工洒水，此法费用虽然较低，但坝面施工机械运行对管道的安装及供水干扰很大，管道损坏也比较严重，作业面大时人工洒水难以覆盖，影响加水效果。汽车洒水方便、机动灵活，白溪坝采用高位水池结合用32 t自卸汽车改装的水车在坝面加水，取得了较好的效果。也可采用在自卸汽车运输途中对车厢中的石料进行加水湿润，以减少坝面作业工序。

对砂砾料或细料较多的堆石，宜先在碾压前洒水一次，然后边加水、边碾压，力求加水均匀。对含细粒较少的大块堆石，宜在碾压前洒水一次，以冲掉填料层面上的细粒料，改善层间结合，但碾压前洒水，大块石裸露会给振动碾碾压带来不利影响。对软岩堆石，由于振动碾压后表面产生一层岩粉，碾压后也应洒水，尽量冲掉表面岩粉，以利层间结合。

9.3.3.4 接缝处理

1. 坝壳与岸坡接合部的施工

当坝壳与岸坡或混凝土建筑物接合部位施工时，汽车卸料及推土机平料易出现大块石集中、架空现象，且局部碾压机械不易碾压。该部位宜采用如下施工技术措施：

(1)与岸坡接合处2 m宽范围内，可沿岸坡方向碾压。不易压实的边角部位应减薄，用轻型振动碾或平板振动器等压实机具压实。

(2)在接合部位可先填1~2 m宽的过渡料，再填堆石料。

(3)在接合部位铺料后出现的大块石集中、架空应予处理。

2. 坝壳填料接缝处理

当坝壳分期分段填筑时，在坝壳内部形成了横向或纵向接缝。在接缝处，压实机械作业距坡面边缘留有0.5~1.0 m的安全距离，坡面上存在一定厚度的松散或半压实料层。另外，在铺料过程中有部分填料沿坡面向下溜滑，增加了坡面较大粒径松料层的厚度，其宽度一般为1.0~2.5 m。坝壳料填筑中应采取适当措施，将接缝部位压实，其处理方法见表3-28。

表 3-28 坝壳料接缝处理方法

施工方法		施工要点	适用条件
留台法 (见图 3-15)		1. 先期铺料时,每层预留 1.0~1.5 m 的平台; 2. 新填料松坡接触; 3. 碾磙骑缝碾压	使用填筑面积大; 不需削坡处理,应优先选用
削坡法	推土机削坡 (见图 3-16)	1. 推土机逐层削坡,其工作面比新铺料层面抬高一层; 2. 削除松料水平宽度为 1.5~2.0 m; 3. 新填料与削坡松料相接,共同碾压	削坡工序可在铺料以前平行作业,施工机动灵活,能适应不同的施工条件
	反铲或装载机削坡	1. 削坡工序须在铺新料前进行; 2. 新填料与压实料相接	
	人工		砂砾料等小粒径石料

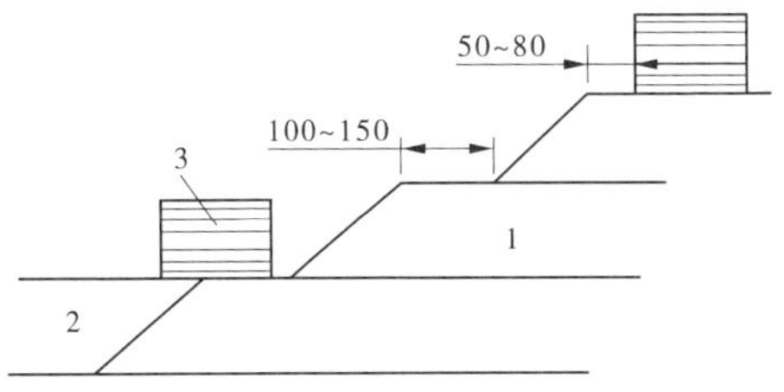

1—先期填料;2—后期填料;3—骑缝碾压。

图 3-15 坝壳料接缝留台示意 (单位:cm)

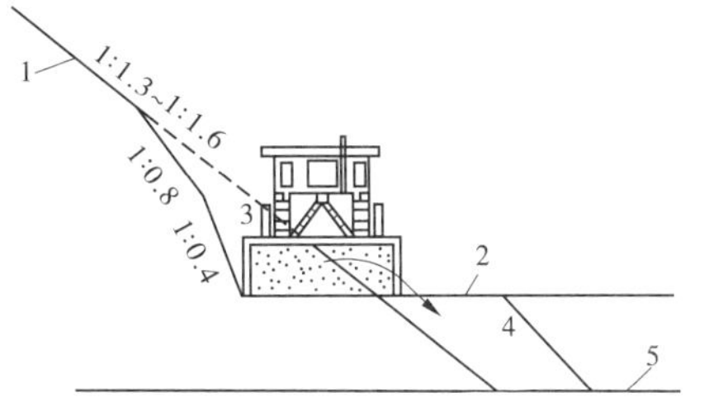

1—填料接坡;2—新铺料层面;3—削除坡料;
4—削坡料填放区;5—压实合格面。

图 3-16 推土机削坡示意

9.3.4 护坡施工

坝体上下游护坡施工,一般包括坡面修整、垫层铺设、护坡施工三道主要工序,还有马道(或下游上坝道路)、排水沟等施工。护坡施工安排,以稍滞后于坝体填筑,与坝体同步上升为宜。

9.3.4.1 护坡类型及施工特点

(1)堆石护坡。堆置层厚大、施工工艺简单,适于机械化作业,护坡与坝体填筑同步上升。

(2)干(浆)砌石护坡。工期安排和现场布置灵活,耗用护坡石料数量比堆石护坡少,主要为人工操作,用劳力多。有的工程从堆石料中挑选大块石,运至坡面码放,用人力或机械略加整理,效果良好。

(3)混凝土护坡。用于缺乏护坡石料的地区,分为砌筑预制板(块)和现场浇筑两种类型。后者一般采用滑动模板施工。

(4)草皮护坡。适用于温暖湿润地区中小型坝的下游护坡,主要由人力施工。

(5)卵石、碎石护坡。用于小型坝下游护坡,能充分利用工程开挖料及筑坝弃料,施工工艺简单。也有用混凝土梁做成框格,在其空间填筑卵石、碎石的护坡形式。

9.3.4.2 坝坡坡面修整

在铺设坝体上下游垫层前,应先对坡面填料进行修整。修整的任务是削去坡面超填的不合格石料,按设计线将坡面修整平顺。修整方法分为反铲、推土机、人工作业三种。人工作业多作为辅助工作配合施工。

(1)反铲修整。坝壳料每填筑 2~4 层,在坝面用白灰示放出坝坡设计线,反铲沿线行走,逐条削除设计线以外的富裕填料,将其放置在已压实合格的坝面上。反铲操作灵活,可适应各种坝料,容易与坝体填筑协调同步上升。

(2)推土机修整。对于黏性土料、砾质土、砂砾料,且坡度缓于 1:2.5 的坝坡,可直接采用推土机修整。

9.3.4.3 堆(砌)石护坡施工

护坡施工包括铺设垫层和堆(砌)块石两道工序。其施工安排宜采取与坝体同步上升,边填筑坝体、边进行护坡施工;对于低坝或施工机械不足的情况,可采取在坝体填筑完毕后,再进行护坡施工。

1. 护坡与坝体同步施工

(1)机械作业。坝体填筑每升高 2~4 m,铺设垫层料前放出标明填料边界和坡度的示坡桩,每隔 10 m 左右设一个。按示坡桩进行坡面修整后,先铺筑垫层料,再填筑护坡石料。两种料均采用自卸汽车沿坡面卸料,用反铲摊铺。反铲能将大小块石均匀铺开、充填缝隙,并沿垂直坡面方向击打护坡料,以压实、挤密堆石。这种方法填筑护坡料密实、坡面平整、填筑偏差小。对于堆石坝坡,也可将堆石料中的超径石或大块石用推土机运至坡面,大头向外码放,辅以机械和人工整理平顺填实,形成摆石护坡与坝面填筑同步上升。近期修建的堆石坝应用较多。

(2)人工作业。坝体上升一定高度后进行,其高度结合坝坡马道或下游上坝道路的设置确定,一般为 10 m 左右。垫层料与块石坡面运输可采用钢板溜槽自上而下运送到填料部位。垫层料用人工铺料,人工或轻便机夯夯打,充分洒水,分层填筑;块石为人工撬移、码砌。

2. 坝体填筑完毕后的护坡施工

对于低坝或坝坡较缓(大于 1∶2.5)的坝,垫层料和护坡石料在坡面运输可采用拖拉机牵引小型自卸汽车沿坡面下放至卸料点,也可用钢板溜槽自上而下输送。垫层料的铺筑,可用推土机自下而上摊铺、压实,人工辅助作业。护坡块石采用人工砌筑。

9.3.4.4 混凝土护坡施工

1. 现场浇筑混凝土护坡施工

例如碧口坝,上游混凝土护坡采用滑动模板浇筑,面板厚 0.3 m,分块宽度为 10 m,不设水平缝,接缝填塞沥青木板条;又如黑河坝,上游护坡混凝土厚 0.4 m,横向分块宽度为 10 m,沿坡面 24.2 m 设水平缝,接缝嵌置厚 15 mm 的低发泡聚氯乙烯塑料板,排水管为直径 10 cm 塑料管,其间距为 2 m。垫层料为小于 80 mm 的砂砾石,厚为 40 cm。

施工程序及方法是:坝体每填筑 3 m 高,用 1 m^3 反铲削坡,修整坡面→20 t 自卸汽车沿坡面卸垫层料→反铲按标示桩铺料→坝体升高 10~20 m(坡长 30~50 m),用 10 t 斜坡振动碾压实垫层料→滑动模板浇筑混凝土。混凝土用搅拌车运输,用铁溜槽沿坝坡面输送。护坡水平分缝高程是根据坝体度汛高程、马道位置等因素综合分析而定的。

2. 预制混凝土块(板)护坡施工

预制混凝土块(板)在坡面上用卷扬机牵引平板车向下运输,人工砌筑。例如升钟坝上游护坡为两层干砌混凝土块,混凝土块尺寸为0.4 m×0.4 m×1.0 m,预制块下部用砾石或碎石调平,预制块之间留1~2 cm的缝隙,用细粒石填塞。

9.3.4.5 草皮护坡施工

在黏性土坝坡上先铺腐殖土,施肥后再撒种草籽或植草。草种应选择爬地矮草(如狗爬草、马鞭草等)。升钟坝坝壳为砂岩石渣,下游坝坡修整好后,自卸汽车将土从坝顶倾卸至下游坡面,用推土机均匀铺20 cm厚的土层,在铺好的土层上撒种草籽。丹江口左岸土石坝下游护坡,在砂砾料坡面加铺一层约10 cm的黏土,上面植草皮护坡。为防止暴雨对坡面的冲刷,应在坡面分别设置横向排水沟和纵向排水沟,排水沟用混凝土预制板干砌,断面尺寸为30 cm×30 cm。

9.3.4.6 碎石、卵石护坡施工

碎石、卵石护坡一般用于下游坡的护面。碎石从采石场开挖,也可用筛分的卵石。护坡铺设简单、造价低。

卵石护坡一般用浆砌石(或混凝土)在坝坡筑成菱形或矩形格网,格网内铺筑垫层料和卵石。碎石护坡因碎石咬合力强,可不设格网。坡面施工主要使用人力作业,宜采用稍滞后于坝体填筑并与坝体同步上升的方式,以节省坡面料物,减少运输人力消耗。

9.4 坝体施工质量控制

9.4.1 填筑质量控制

填筑质量控制应按国家和行业颁发的有关标准、工程设计、施工图、合同技术条款的技术要求进行。

9.4.1.1 坝体压实质量控制指标

坝体压实质量控制指标,防渗体土料采用干密度、含水率或压实度(D)。反滤料、过渡料及砂砾料采用干密度或相对密度(D_r);堆石料采用孔隙率(n)。

(1)防渗土料,干密度或压实度的合格率不小于90%,不合格干密度或压实度不得低于设计干密度或压实度的98%。经取样检查压实合格后,方可继续铺土填筑;否则,应进行补压。当补压无效时,应分析原因,进行处理。

对砾质土、风化料及性质不均匀的黏性土料,应采用压实度作为控制指标,现场以三点击实试验法作为检测手段,详见《碾压式土石坝施工规范》(DL/T 5129—2013)。

(2)堆石料、砂砾料,取样所测定的干密度,平均值应不小于设计值,标准差应不大于0.1 g/cm^3。当样本数少于20组时,应按合格率不小于90%,不合格干密度不得低于设计干密度的95%控制。

(3)反滤料和过渡料的填筑,除按规定检查压实质量外,必须严格控制颗粒级配,不符合设计要求应进行返工。

(4)坝壳堆石料的填筑,以控制压实参数为主,并按规定取样测定干密度和级配作为记录。每层按规定参数压实后,即可继续铺料填筑。对测定的干密度和压实参数应进行统计分析,研究改进措施。

9.4.1.2　坝体质量检测

(1)坝体压实质量检测项目及取样次数见表3-29。

表3-29　坝体压实质量检测项目及取样次数

坝料类别及部位			检查项目	取样次数
防渗体	黏性土	边角夯实部位	干密度、含水率	2~3次/层
		碾压面		1次/(100~200 m^3)
		均质坝		1次/(200~500 m^3)
	砾质土	边角夯实部位	干密度、含水率、粒径大于5 mm砾石含量	2~3次/层
		碾压面		1次/(200~500 m^3)
反滤料			干密度、颗粒级配、含泥量	1次/(200~500 m^3),每层至少一次
过滤料			干密度、颗粒级配	1次/(500~1 000 m^3),每层至少一次
坝壳砂砾(卵)料			干密度、颗粒级配	1次/(500~10 000 m^3)
坝壳砾质土			干密度、含水率、粒径小于5 mm含量	1次/(3 000~6 000 m^3)
堆石料			干密度、颗粒级配	1次/(10 000~100 000 m^3)

注:1.堆石料颗粒级配试验组数可比干密度试验组数适当减少。
2.对防渗体应选定若干个固定取样断面,沿坝高每5~10 m取代表性试样进行物理、力学性质试验,作为复核设计及工程管理依据。

(2)坝体压实密度、含水率检测方法见表3-30。

表3-30　坝体压实密度、含水率检测方法

坝料类别	压实密度检测方法	含水率检测方法
黏性土	宜采用环刀法、表面型核子水分密度计法	宜采用烘干法,也可采用核子水分密度计法、酒精燃烧法、红外线烘干法
砾性土	宜采用挖土灌砂(灌水)法	宜采用烘干法或烤干法
土质不均匀的黏性土、砾质土	宜采用三点击实法	现场不用测含水率
反滤料、过渡料及砂砾料	宜采用挖坑灌水法或辅以面波仪法、压实计法	宜采用烘干法或烤干法
堆石料	宜采用挖坑灌水法、测沉降法等	宜采用烤干和风干联合法

9.4.2　检测工程实例

9.4.2.1　小浪底坝

小浪底工程大坝填筑以工艺控制质量,除工区(斜心墙)土料按规范规定,每层碾压

完成后需要进行试验检测，满足要求才能进行上一层填筑外，其余料的现场质量检测实行抽样检测。试验检测分为压实前的控制试验和压实后的记录试验。检测先偏重要求进行检测级配、含水率的控制试验，其次才是包括现场压实密度、压实度及压实填筑料级配的记录试验。表3-31列出了合同技术规范所要求的检测试验频数。

表3-31　坝体质量检测试验频数

区号	防渗土料	混合不透水料	反滤料	过渡料	堆石料
控制试验	2 000	1 000	1 000	—	—
记录试验	8 000	2 000	4 000	100 000	500 000

(1)防渗土料的检测。现场质量检测项目主要有三项：含水率、压实效果、颗粒级配。压实效果的控制采用压实度指标，先采用MC-3型核子湿度密度仪测定含水率及密度，再与在料场最近三次或五次的普氏最大干密度试验值的平均值相比得到现场压实度。该方法从工程实际出发，运用一种"模糊"评判的概念，考虑土料性质有差别的特点，定期取样试验，并采用多点移动平均值指标，做到上坝土料与控制参数相适应，其最大的特点是能适应大型机械化、快速施工。

(2)堆石料的质量检测。堆石料的施工质量由施工碾压参数控制，规定干密度只作为记录用。现场施工质量控制的相关检测项目主要有颗粒级配分析和软岩含量。考虑到标准堆石料试验的试坑尺寸较大，试验难度高，只对尺寸约为1.3 m的试坑进行密度与颗粒级配检测，采用美国标准ASTMD5030指定的灌水法来检测密度。必要时进行取料质量为100 t的级配分析试验来检测材料级配组成。

(3)反滤、过渡料的质量检测。正常施工只进行反滤料级配、含水率的检测。对岸坡地段垂直于基础面1 m厚的反滤料进行记录试验，检测压实质量，要求每一层压实后的压实度(现场压实干密度与美国标准ASTMD4253振动试验确定的最大干密度比值)不小于95%。采用美国标准ASTMD5030指定的灌水法进行反滤料和过渡料的密度试验。同时，为了检验灌水法试验成果的可靠性，对反滤料还进行了灌砂法试验，并将其成果进行了比较。

9.4.2.2　鲁布革坝

鲁布革坝心墙为风化料，填筑质量采用施工参数控制法及压实度检测双控法。其施工参数为铺料厚度25 cm、SFP-84自行式振动凸块碾(碾磙重8.7 t)压实8遍、含水率与最优含水率的差值为-1%~+3%、压前粗料含量<70%。以压实度作为质量检查指标，要求压实度≥0.96的合格率为90%，压实度≥0.94的合格率为100%。施工参数中规定粗料含量的目的是保证压实土的粗料含量不大于40%，以达到渗透系数不大于1×10^{-5} cm/s的要求。

压实度的质量检查除作为质量评定的依据外，主要用来调整施工参数控制法中的施工参数，使压实度的统计值能符合规定的要求。压实度采用三点击实法，最大粒径为20 mm，2 h内可以得到结果，因此对每场碾压质量都有控制作用。实际上，只要含水率在允许范围内，施工参数就能得到严格控制，压实度都能合格。因此，施工人员认为，抽样检测有局限性，施工质量应主要依靠严格控制施工参数来保证。

工作任务4 施工进度计划

1 工作任务

根据施工导流计划和坝体施工方案，编制枢纽工程施工总进度计划和土石坝施工进度计划。

2 工作目标

(1)掌握水利水电工程建设阶段的划分；
(2)掌握施工进度计划的分类；
(3)掌握施工进度计划编制原则；
(4)掌握土石坝施工进度编制方法；
(5)掌握施工总进度计划的编制步骤。

3 任务分组

按照学号顺序，每6~8名学生为1个小组，每小组设组长1名，每个小组的设计任务要求组内成员保质保量完成。小组成员互相讨论设计方案，培养团队协作能力，小组间不得互相抄袭。

学生任务分组表

班级		组号		指导教师	
姓名		学号		工作日期	
任务分工					
提交成果					

4　引导问题

(1)根据《水利水电工程施工组织设计规范》(SL 303—2017),工程建设全过程可划分为哪几个阶段?

(2)编制施工进度计划应遵循的原则有哪些?

(3)常见的土石坝进度计划编制方法有哪些?

5　工作计划

根据小组任务分工和收集到的信息资料,制订该碾压式土石坝施工进度计划编制方案,利用流程图或者其他形式进行表示。

6　进度决策

分组汇报各组制订的工作计划,小组互评、教师点评,确定土石坝施工进度计划,为任务实施做好准备。

7　工作实施

(1)收集、整理、研究相关资料。

收集、分析、编制施工进度计划所必需的资料,综合考虑招标文件要求、其他标段工程施工进度、本工程施工规划部署、施工导流方案等相关因素,研究确定开工日期、完工日期、里程碑节点时间等控制性计划目标。

(2)编制不同设计阶段的施工进度计划。

(3)根据基本资料,编制施工总进度计划,绘制轮廓性施工进度。

(4)根据基本资料,编制土石坝施工进度计划。

8 评价反馈

主要包括组内、组间学生相互检查评价，教师检查评价等。学生自评占 50%、教师评价占 50%，分别如表 4-1、表 4-2 所示。

表 4-1 学生自评表

班级		姓名		学号	
学习任务 1	施工进度计划				
评价项目	评价标准			分值	得分
施工进度计划分类	掌握施工进度计划的分类			20	
施工进度计划编制原则	掌握施工进度计划的编制原则			20	
施工进度计划编制内容	掌握施工进度计划的编制内容			30	
施工进度计划编制步骤	掌握施工进度计划的编制步骤			30	
	合计			100	

表 4-2 教师评价表

班级		姓名		学号	
学习任务 1	施工进度计划				
评价项目	评价标准			分值	得分
平时表现	出勤、课堂表现、团队合作情况			40	
成果评价	确定土石坝施工进度计划编制原则、内容及编制步骤			60	
	合计			100	

9 相关知识点

9.1 施工进度计划概述

9.1.1 水利水电工程建设阶段的划分

对于大中型水利水电工程建设，施工组织设计规范规定，工程建设全过程可划分为四个阶段：

（1）工程筹建期：工程正式开工前，业主应完成对外交通、施工供电和通信系统、征地、移民及招标、评标、签约等工作，为主体工程具备进场开工条件所需时间。

（2）工程准备期：准备工程开工起，至关键线路上的主体工程开工或河道截流闭气前的工期,一般包括“四通一平”、导流工程、临时房屋和施工工厂设施建设等。

(3)主体工程施工期:自关键线路上的主体工程开工或一期截流闭气后开始,至第一台机组发电或工程开始发挥效益为止的工期。

(4)工程完建期:自水电站第一台发电机组投入运行或工程开始受益起,至工程竣工的工期。

编制施工总进度时,工程施工总工期应为后三项工期之和(工程建设相邻两个阶段的工作可交叉进行)。

9.1.2　施工进度计划分类

施工进度计划是指为完成建设项目而进行的各项活动在时空上的规划。编制施工进度计划就是根据施工方案和施工程序,在时间上安排各项工作的起止日期。正确地编制施工进度计划是保证建设项目按期交付使用、充分发挥投资效益、降低建筑工程成本的重要条件。

9.1.2.1　按编制时间的不同分类

施工进度计划按编制时间不同可分为:年度项目施工进度计划、季度项目施工进度计划、月项目施工进度计划、旬(日)项目施工进度计划四种。

9.1.2.2　按编制对象的不同分类

施工进度计划按编制对象的不同可分为:施工总进度计划、单项工程施工进度计划、单位工程施工进度计划、分部分项工程施工进度计划等。

(1)施工总进度计划。施工总进度计划是以一个水利工程建设项目(如水库枢纽工程、水闸枢纽工程等)或一个建筑群体为编制对象,用以指导整个建设项目或建筑群体施工全过程进度控制的指导性文件。

施工总进度计划的任务是分析工程所在地区的自然条件、社会经济资源、工程施工特性和可能的施工方案,研究确定关键性工程的施工分期和施工程序,使整个工程施工前后兼顾,互相衔接,均衡生产,最大限度地合理使用建设资金、劳动力、机械设备和建筑材料,在保证工程质量和施工安全的前提下,按时或以较短工期建成投产。

(2)单项工程施工进度计划。单项工程施工进度计划是以枢纽工程中的主要工程项目(如大坝、水电站等单项工程)为编制对象,并将单项工程划分成单位工程或分部分项工程,拟订出其中各项目的施工顺序和建设进度及相应的施工准备工作内容和施工期限。它以施工总进度计划为基础,要求进一步从施工程序、施工方法和技术供应等条件上,论证施工进度的合理性和可靠性,尽可能组织平行流水作业,并研究加快施工进度和降低工程成本的具体措施。反过来,又可根据单项工程施工进度计划对施工总进度计划进行微调或局部修正,并编制劳动力和各种物资的技术供应计划。

(3)单位工程施工进度计划。单位工程施工进度计划是以一个单位工程为编制对象,在项目总进度计划控制目标的原则下,用以指导单位工程施工全过程进度控制的指导性文件。单位工程施工进度计划一般在施工图设计完成后、单位工程开工前,由项目经理组织,在项目技术负责人领导下进行编制。

(4)分部分项工程施工进度计划。分部分项工程施工进度计划是以分部分项工程(如水闸底板混凝土、水闸闸墩混凝土、隧洞衬砌等)为编制对象,用以指导实施操作的专业性文件,在单项工程施工进度计划控制下,由负责分部分项工程的工长进行编制。

施工总进度计划是对整个施工项目的进度进行全局性的战略部署,其内容和范围比较广泛;单项(位)工程施工进度计划是在施工总进度计划的控制下,以施工总进度计划和单项(或单位)工程的特点为依据编制的;分部分项工程施工进度计划是以施工总进度计划、单项(位)工程施工进度计划、分阶段工程施工进度计划为依据编制的,针对具体的分部分项工程,把进度计划进一步具体化、可操作化。

9.1.3 施工总进度计划的编制原则

(1)认真贯彻执行国家法律法规、主管部门对本工程建设的指示,应满足国家和上级部门对本工程建设的要求。

(2)力求缩短建设周期,加强与施工组织设计的其他各专业设计密切联系,统筹考虑,并以关键性工程的施工工期和施工程序为主导,协调安排好各单项工程的施工进度,经过必要的方案比较,选择最优方案。

(3)在充分掌握和认真分析基本资料的基础上,尽可能采用先进施工技术、设备,最大限度地组织均衡施工,力争全年施工,加快施工进度。同时,应做到实事求是,留有适当余地,保证工程质量和安全施工。当施工情况发生变化时,要及时调整和落实施工总进度。

(4)充分重视和合理安排准备工程的施工进度,在主体工程开工前,相应各项准备工程应基本完成,为主体工程开工和顺利进行创造条件。

(5)对高坝大库工程,应研究分期建设或分期蓄水的可能性,尽可能减少第一批机组投产前的工程投资。

9.1.4 施工进度计划的编制内容

不同设计阶段编制施工进度计划的具体内容如下:

(1)可行性研究阶段编制控制性施工进度计划。根据工程具体条件和施工特点,对拟订的各种坝址、坝型和水工枢纽布置方案,分别进行施工进度研究,提出施工进度资料,参与方案选择和评价水工枢纽布置方案,在既定方案的基础上,配合拟订和选择施工导流方案,研究确定主体工程施工分期和施工程序,提出施工控制性进度表及主要工程的施工强度、估算劳动力高峰人数和总工日数。

(2)初步设计阶段编制施工总进度计划。根据主管部门对可行性研究报告的审查意见、设计任务书及实际情况的变化,在参与选择及评价水工枢纽布置方案和配合选择施工导流方案过程中,提出和修改施工控制性进度;对既定水工和施工导流方案的控制性进度进行方案比较,选择最优方案,以利施工组织设计各专业开展工作。在各专业设计分析研究和论证的基础上,进一步调查、完善、确定施工控制性进度,编制施工总进度和准备工程进度,提出主要施工强度、施工强度曲线、劳动力需要量曲线等资料。

(3)技术设计(招标设计)阶段编制单项工程施工总进度计划。根据初步设计编制的施工总进度和水工建筑物形式、工程量的局部修改,结合施工方法和技术供应条件,选择合适的劳动定额,制订单项工程施工进度计划,并据以调整施工总进度。

9.2　施工总进度计划编制

水利工程建设项目工期长，受自然、社会等条件影响大，工程施工比较复杂，进度计划编制在不同的阶段有不同的要求，是一个逐步细化的过程。施工总进度计划的编制步骤如图 4-1 所示。

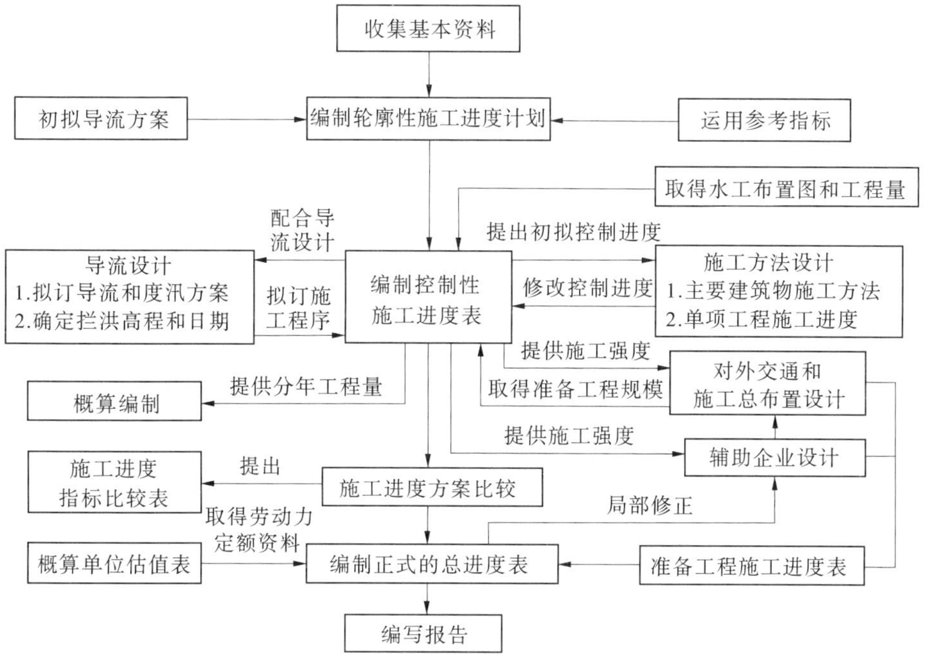

图 4-1　施工总进度计划的编制步骤

9.2.1　收集基本资料

在编制施工总进度之前和在工作过程中，要收集和不断完善编制施工总进度所需的基本资料，如下所述：

(1)可行性研究报告及审查意见；

(2)初步设计各专业阶段成果；

(3)工程建设地点的对外交通现状及近期发展规划；

(4)施工期(包括初期蓄水期)通航和下游用水等要求情况；

(5)建筑材料的来源和供应条件调查资料；

(6)施工区水源、电源情况及供应条件；

(7)地方及各部门对工程建设期的要求和意见；

(8)当地可能提供修理、加工能力的情况；

(9)当地承包市场及可能提供的劳动力情况；

(10)当地可能提供的生活必需品的供应情况、居民的生活习惯；

(11)工程所在河段水文资料、洪水特性、各种频率的流量及洪量、水位流量关系、冬

季冰凌情况(北方河流)、河段各种频率洪水、泥石流及上下游水利水电工程对本工程的影响情况;

(12)工程地点的气温、水温、地温、降水、风、冻层、冰情和雾等气象资料;

(13)工程地点的地形、地质、水文工程条件等资料;

(14)与工程有关的国家政策、法律和规定。

9.2.2 编制轮廓性施工进度计划

在进行流域规划阶段和可行性研究阶段,一般基本资料不齐全,但设计方案较多,有些项目尚未进行工作,不可能对主体建筑的施工分期、施工程序进行详细的分析,因此这一阶段的施工进度属轮廓性的,称为轮廓性施工进度。

轮廓性施工进度计划可根据初步掌握的基本资料和水工布置方案,结合其他专业设计的工作,对关键性工程施工分期、施工程序进行粗略的研究之后,参考已建同类工程的施工进度指标,概估工程受益的工期和总工期。轮廓性施工进度计划的编制方法如下:

(1)与水工设计共同研究,选定代表性的水工方案,并了解主要建筑物的施工特性,初步选定关键性的工程项目。

(2)对初步掌握的基本资料进行粗略分析,根据对外交通和施工总布置的规模及难易程度,拟订准备工程的工期。

(3)以拦河坝为主体建筑物的工程,根据初步拟订的导流方案,对主体建筑物进行分期规划,确定截流和主体工程下基坑施工的日期。

(4)根据已建工程的施工进度指标(或参考表4-4),结合本工程具体条件,规划关键性工程项目的施工期限,确定工程受益日期和总工期。

(5)对其他主体建筑物的施工进度做粗略分析,绘制轮廓性施工进度表,见表4-3。

在流域规划阶段,轮廓性施工进度计划是最终成果;在可行性研究阶段,轮廓性施工进度计划是编制控制性施工进度的中间成果,其目的一是配合拟订可能成立的导流方案,二是对关键性工程项目进行粗略规划,拟订工程的受益日期和总工期,并为编制控制性进度做好准备;在初步设计阶段,可不编制轮廓性施工进度计划。

9.2.3 编制控制性施工进度计划

控制性施工进度计划在可行性研究阶段,是施工总进度计划的最终成果;在初步设计阶段,控制性施工进度计划是编制施工总进度计划的重要步骤,并作为中间成果,作为设计工作的初步依据。

控制性施工进度计划同导流、施工方法设计等有密切的联系,在编制过程中,应根据建设总工期的要求,确定施工分期和施工程序,以拦河坝为主体建筑的工程,还应解决好施工导流和主体工程施工方法设计之间在进度安排上的矛盾,协调各主体工程在施工中的衔接关系。因此,控制性施工进度计划的编制必然是一个反复调整的过程。完成控制性施工进度计划的编制后,涉及施工总进度计划中的主要技术问题,应当基本解决。

编制控制性施工进度计划,首先要选定关键性工程项目,根据工程特点和施工条件,拟订关键性工程项目的施工程序。在此基础上,初拟控制性施工进度表,然后由施工方法设计等专业人员进行施工方法设计,对初拟的施工进度计划加以论证。经过反复修改、调整,最后确定控制性施工进度计划。

表 4-3　某水电站轮廓性施工进度表

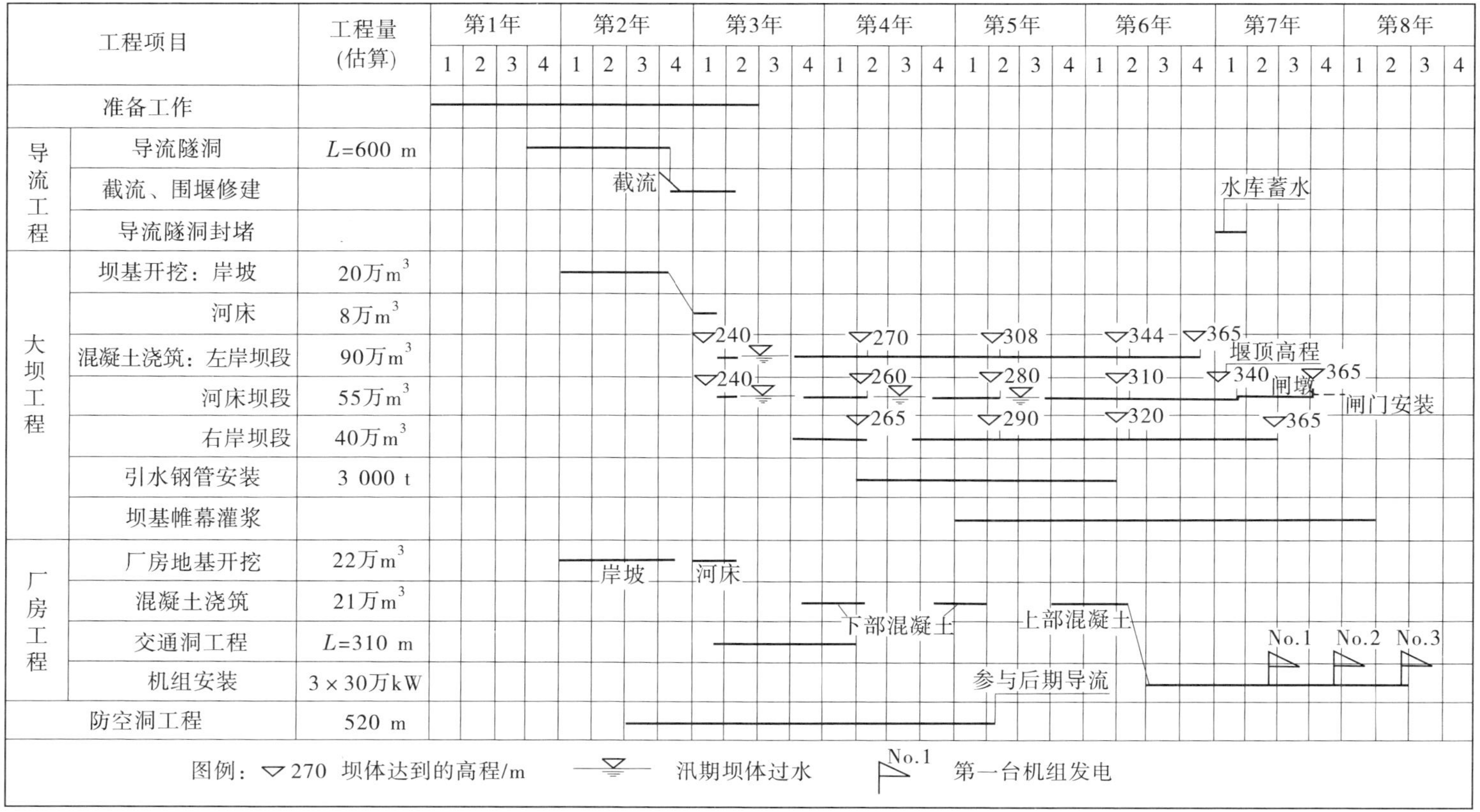

大中型土石坝工程参考工期如表 4-4 所示。

表 4-4 大中型土石坝工程参考工期

坝体方量/万 m^3	总工期/年	准备工期/年	主要工期/年	完建工期/年	备注
200~400	4.0~6.0	2.0~2.5	2.0~2.5	0.5~1.0	工期按隧洞导流方式拟订,如采用其他导流方案,则准备工期和主要工期应作适当调整
400~600	5.0~6.0	2.0~2.5	2.5~3.5	0.5~1.0	
600~800	6.0~7.0	2.0~2.5	3.5~4.0	0.5~1.0	
800~1 200	7.0~9.0	2.5~3.0	4.0~5.0	1.0~1.5	
1 200~2 000	9.0~10.0	3.0~3.5	5.0~6.0	1.0~1.5	
>2 000	10.0~11.0	3.5~4.0	5.0~6.0	1.0~1.5	

9.2.3.1 分析选定关键性工程项目

水利水电工程项目繁多,当编制控制性施工进度时,应以关键性工程项目为主线,慎重研究其施工分期和施工程序,其他非控制性的工程项目,则可围绕关键性工程项目的工期要求,考虑节约资源和施工强度平衡的原则进行安排。

选定关键性工程项目的方法如下:

(1)分析工程所在地区的自然条件。在编制控制性施工进度之前,应当首先取得工程所在地区的水文、气象、地形、地质等基本资料,并进行认真的分析研究。例如,河流的水文条件对拦河坝施工的影响;降水、气温等对土料填筑和混凝土工程施工的影响;地形、地质条件对坝基处理、高边坡开挖和地下工程施工的影响等。

(2)分析主体建筑物的施工特性。在编制控制性进度之前,应取得主要水工建筑物的布置图和剖面图。根据水工建筑物图纸,研究大坝坝型、高度、宽度和施工特点,研究地下厂房跨度、高度和可能的出渣通道,引水隧洞的洞径、长度、可能开挖方式、是否有施工支洞等。

(3)分析主体建筑物的工程量。水工设计提供工程量之后,应对各建筑物的工程量分布进行分析。例如,位于河床水上部分和水下部分、右岸和左岸、上游和下游及在某些控制性高程以上或以下的工程量,分析施工期洪水对这些工程施工的影响。

(4)选定关键性工程。通过以上分析,用施工进度作参考指标,粗估各项主体建筑物的控制工期,即可初步选定控制工程受益工期的关键性工程。

随着控制性施工进度编制工作的深入,可能发现新的关键性工程,于是,控制性施工进度就应以新的关键性工程为主进行编制。

9.2.3.2 初拟控制性施工进度表

选定关键性工程之后,首先分析研究关键性工程的施工进度,然后以关键性工程的施工进度为主线,安排其他单项工程的施工进度,拟订初步的控制性施工进度表。

以下就拦河坝为关键性工程项目,说明初拟控制性施工进度的步骤和方法。

1. 确定拦河坝的施工程序

拦河坝的施工进度和施工导流方式及施工期历年度汛方案有密切的关系。不同的导流方案有不同的施工程序，如工作任务 2 所述。当采用隧洞导流时，其施工程序可参考图 2-1。

拦河坝的施工分期和施工程序及各期上升高程，应考虑施工条件、施工方法和施工强度均衡等因素，这些因素又会影响导流和度汛方案，须经过反复研究调整之后，才能确定经济合理、安全可靠的拦河坝施工程序。

2. 确定准备工程的工期

在编制控制性施工进度时，要分析确定准备工程的工期，才能安排导流工程、其他准备工程和岸坡开挖的开始时间。

水利工程建设的准备工程项目多、规模大，占工程总投资的 10%～20%，相当于主体工程投资的 30%～40%。施工准备工程的主要项目和内容见表 4-5。根据国内外经验，当工程地点施工各方面条件较好时，施工准备工期一般占施工总工期的 20%～25%，甚至 15%以下；当工程地点施工各方面条件较差时，施工准备工期可达总工期的 30%以上。

表 4-5　施工准备工程的主要项目和内容

主要项目	内容
对外交通	1. 准轨铁路及站场 2. 窄轨铁路 3. 公路专用线 4. 大型桥涵、隧洞 5. 转运站
场内交通	1. 准轨铁路及站场 2. 窄轨铁路 3. 场内公路 4. 大型桥涵、渡口
施工辅助企业	1. 砂石料开采加工系统 2. 混凝土系统 3. 其他
施工电源	1. 场外输变电 2. 变电站
仓库、办公、生活设施	1. 仓库 2. 办公房屋 3. 居住生活设施、房屋
风、水、电管线铺设及安装	1. 风管铺设 2. 水管铺设 3. 电线架设

为了有计划、有步骤地进行准备工程，为高速度、高质量地建设主体工程创造条件，在

初步设计阶段的后期，以初步完成的控制性总进度为依据，编制准备工程施工进度。准备工程施工总进度计划应按以下步骤编制：

(1)列出准备工程的项目，了解各项准备工程布置概况，收集工程量等资料。

(2)根据各项准备工程的规模、工程量、施工特性，参照类似工程的经验或参考表4-6指标，安排准备工程工期。

(3)结合控制性施工进度表对各项准备工期、投入使用日期的要求，绘制初步的准备工程施工进度表。

(4)综合平衡土石方、砌石、混凝土、房建等工程的施工强度和投资比例(一般年投资不宜超过建安工程总投资的6%~8%)，调整并完成准备工程施工进度表。

(5)根据投资拨款计划、征地进展情况，适当调整施工准备工程进度表。

其他准备工程如场地平整、供电系统、供水系统、供风系统、场内通信系统、施工工厂设施、生活和生产房屋等的建设应与所服务的主体工程施工进度协调安排。

表4-6　准备工程项目进度参数

项目	规模	施工条件	参考工期/年	备注
准轨铁路	100 km 以上	山区	4~5	视桥墩数量长度、施工难易程度、施工单位的装备水平而定
		丘陵	3~4	
	100 km 以内	山区	3~4	
		丘陵	2~3	
公路	100 km 以上	山区	2~3	视桥墩数量长度、施工难易程度、施工单位的装备水平而定
		丘陵	1~2	
	100 km 以内	丘陵	1~2	
窄轨铁路	50 km 以内		1~2	
砂石系统	年产100万 m^3 以上	碎石、天然砂	1.0~1.5	不包括土石方开挖和场地平整工期
			0.6~1.0	
	年产50万~100万 m^3	碎石、天然砂	0.5~1.0	
			0.3~0.5	
混凝土系统	年产100万 m^3 以上		0.5~1.0	不包括土石方开挖和场地平整工期
	年产50万~100万 m^3		0.3~0.5	
中心修配厂			0.5~1.5	
一般施工企业			0.5~1.5	
施工用电线路架设	100 km 以上(110~220 kV)	山区	1.5~2.0	
		丘陵	1.0~1.5	
	100 km 以内(35~110 kV)	山区	1.0~1.5	
		丘陵	0.5~1.0	

续表 4-6

项目	规模	施工条件	参考工期/年	备注
房建	5 万～10 万 m^2		0.5～1.0	
	10 万～20 万 m^2		1.0～1.5	
	21 万 m^2		1.5～2.0	

3. 导流工程工期安排

导流工程包括挡水建筑物和泄水建筑物。土石坝一般采用隧洞导流，隧洞进度可按开挖、混凝土衬砌、灌浆三大工序来安排。隧洞掘进和衬砌进度指标可参考表 4-7。当隧洞断面能满足掘进与混凝土衬砌平行作业时，衬砌占用直线工期较少，衬砌滞后于掘进 3～4 月进行；如不能采用平行作业，应当在掘进后进行衬砌，月进尺可按 30～40 m 估计。当采用先进衬砌技术时，月进尺可按 80～100 m 估计。

表 4-7　隧洞掘进和衬砌进度指标

开挖断面/m^2	不同掘进方式平均进尺/(m/月)		混凝土衬砌进尺/(m/月)
	全断面钻爆法(喷锚支护)	台阶钻爆法(喷锚支护)	
<25	100～150(有轨)		100～120(边顶拱)
25～60	100～150(有轨或无轨)		120～160(边顶拱)
60～100	120～180(无轨)		80～100(边顶拱)
100～150		100～150(无轨)	40～60(边顶拱)

注：1. 表中指标为单工作面进尺；

2. 对不良地质地段，可乘以 0.3～0.9 系数。

隧洞回填灌浆与固结灌浆宜与混凝土衬砌平行作业，灌浆开始时间在混凝土衬砌后 2～3 月，结束时间滞后于混凝土衬砌 3～4 月。

在编制控制性施工进度时，也可采用综合指标制订隧洞掘进进度：当隧洞洞径在 9 m 以内时，每个工作面月综合进尺可按 40～50 m 控制；当隧洞洞径大于 9 m 时，可按 30～35 m 控制。隧洞的地质条件对进度影响较大，应注意分析具体施工条件。

围堰工程施工强度和工期按其挡水时段考虑，可参考工作任务 2。另外，在安排导流工程进度时，还应注意以下问题：

(1)对于一次拦断和分期导流的一期导流工程宜安排在施工准备期内进行，若为关键工程，则应根据工程需要提早安排施工。

(2)河道截流宜安排在枯水期或汛后期进行，不宜安排在封冻期和流冰期，截流时间应根据围堰施工所需施工时段和安全度汛要求，结合所选时段各月或旬的平均流量，合理分析确定。

(3)围堰闭气和堰基防渗完成后，即可进行基坑抽水作业。对于土石围堰与软质基础的基坑，应考虑控制排水下降速度。

(4)当采用过水围堰导流方案时，应分析围堰过水期限及过水前后对工期带来的影响，在多泥沙河流上应考虑围堰过水后清淤所需工期。

(5)根据挡水建筑物施工进度安排确定施工期临时度汛时期，并应论证在要求的时间前挡水建筑物的施工进度具备拦挡度汛洪水标准的要求。

(6)导流泄水建筑物完成导流任务后，封堵时段宜选在汛后，使封堵工程能在一个枯水期内完成。如汛前封堵，应有充分论证和确保工程安全度汛的措施。

4. 确定坝基开挖工期

坝基开挖分为岸坡开挖和河床开挖两部分，岸坡与河床的分界为高出枯水期常水位2~3 m的高程(或截流前一个月月平均流量相应水位加2~3 m)。

坝基开挖的顺序，一般是先岸坡后河床。岸坡开始开挖时间视准备工程的进度而定，一般可安排与导流工程平行施工，并在河道截流前完成。河床坝基开挖在围堰截流闭气并完成基坑排水后开始，当采用大型机械开挖时，还应考虑一定的准备工作和创造工作面的工期。对于大型工程，在安排控制进度时，从截流到开始进行开挖，应留1~2个月的时间进行围堰基础防渗体施工和基坑排水及道路等准备工作。

坝基开挖强度应根据地质条件、采用的施工方法、施工设备及基坑开挖面积等因素进行分析计算。坝基开挖施工进度的安排方法如下：

(1)根据基坑开挖面积、岩土级别、开挖方法、出渣道路及按工作面分配的施工设备型号、性能、数量等分析计算坝基开挖强度及相应的工期。

(2)根据各个部位的开挖量和初步拟订的开挖强度，按施工程序的要求，在控制进度中绘出开挖进度线。

(3)把初步绘制的控制进度表交给担任开挖的施工设计人员，进行开挖施工方法设计。如果经过施工设计，认为控制进度中规定的施工强度难以达到，应修改控制进度的开工日期和竣工日期。

根据多数工程的经验，坝基开挖的月平均强度一般为3.5万~8.5万 m^3，工期紧时可取较大值。

另外，在安排坝基开挖进度时还应注意：在深陡狭窄的坝址，岸坡开挖的石渣将大部分或全部落入河床，因此在安排基坑开挖进度中，应考虑出渣所用的工期。当采用过水围堰时，应分析基坑过水损失的工期，对于含沙量大的河流，还应分析过水后清淤所占用的工期。

5. 确定基础处理的工期

基础处理主要指帷幕灌浆、断层破碎带处理和防渗墙施工等。在水库蓄水前应完成蓄水高程以下的灌浆，在水库水位蓄至正常蓄水位之前应完成全部灌浆任务。

(1)帷幕灌浆一般都在廊道内进行，施工不受水文气象条件的影响，受大坝施工干扰较小，其进度可视施工单位的装备水平，在蓄水前均衡地安排。建在软基上的中小型坝，一般不设廊道，须在河床帷幕灌完后进行坝体的修建，此时，帷幕灌浆成为控制直线工期的一道重要工序。

(2)断层破碎带处理一般包括开挖、回填混凝土和灌浆，视断层破碎带的部位、处理方案、工作量安排工期。不良地质处理宜安排在建筑物覆盖前完成。

(3)对混凝土防渗墙，当采用冲击钻造孔时，可根据工作面上可能布置的台数，按每台日进尺 3~4 m 安排进度。我国已建工程的实际资料，一般情况下，平均台日造孔速度为2.18~5.08 m。防渗墙的准备工期一般需 20~30 d，混凝土浇筑的滞后时间可按 15~20 d 考虑。

基础处理工期应根据地质条件、处理方案、工程量、施工程序、施工水平、设备生产能力和总进度要求等因素研究决定。地质条件复杂、技术要求高、对总工期起控制作用的地基处理，应分析论证对施工总进度的影响。

6. 确定坝体各期上升高程

确定坝体各期上升高程是编制控制性施工进度的重要内容之一。一般步骤如下：根据导流分期和拟订的施工程序，绘制坝体分期分段的高程—工程量累计曲线；分析统计坝体施工有效工日，研究确定拦洪高程和拦洪日期；根据导流和各年的度汛要求，初步拟订控制性部位的各期上升高程；计算各时段的上升速度和施工强度，根据采用的施工设备的生产能力，分析达到各期上升高程的可能性和可靠性；进行反复调整，确定合理的上升高程。

初拟控制性施工进度时，坝体上升速度为：心（斜）墙 0.3~0.4 m/d，坝壳 0.5~0.8 m/d。

7. 确定导流洞封堵、蓄水和发电日期

对土石坝，导流洞封堵时，封堵日期可按表 4-8 所列的要求确定。导流泄水建筑物下闸后，水库开始蓄水，当水库蓄至死水位，第一台机组安装完成后，电站开始发电。

表 4-8　封堵日期

一般原则	1. 闸门操作水头不超过 45 m； 2. 安排在工程已具备发电条件的枯水期内； 3. 下闸至汛期前应能满足封堵工程的工期要求； 4. 永久泄洪建筑物已具备泄洪条件
特殊要求	1. 大坝已达到或接近坝顶； 2. 当库容很大时，经蓄水计算后，在确保大坝安全的前提下，可在大坝未达到坝顶时封堵

蓄水时间计算可参考工作任务 2。

8. 安排其他单项工程的施工进度

其他单项工程的施工进度，根据其本身在施工期的运用条件及相互衔接关系，围绕拦河坝的施工进度进行安排和调整。

综上所述，初拟控制性施工进度的方法是：首先以导流工程和拦河坝为主体，绘出导流工程和拦河坝的进度，绘出截流日期，定出具体各期上升高程和封洞日期，计算出各时段的开挖及土石料填筑的月平均强度。其次绘制各单项工程的进度，计算施工强度（土石方开挖和混凝土浇筑）。最后计算和绘制施工强度曲线，反复调整，使各项进度合理，施工强度曲线均衡。

9.2.3.3 编制控制性施工进度

初拟控制性施工进度之后，提交施工技术专业进行主要建筑物的施工方法设计，并编制单项工程施工进度表，通过施工方法设计的论证之后，对初拟的控制性施工进度表进行调整和平衡，并最终完成控制性施工进度表。

1. 控制性施工进度表调整平衡的目标

(1)主体工程的施工程序和导流相适应，并满足各期度汛的要求。

(2)主体工程的施工强度和施工速度，经过施工方法的论证，有保证可以达到。

(3)各单项工程的施工进度能满足本身在施工期的运用条件，互相衔接合理，干扰较少，能同施工总平面布置相适应。

(4)土石方开挖、填筑和混凝土浇筑施工强度平衡合理，能充分利用人力、物力，节约资源。

2. 对控制性施工进度的要求

(1)工程项目应包括控制工程受益日期和影响总的施工强度的主要项目。

(2)表中应列出各工程项目的工程量，包括土石方明挖、洞挖、填筑，混凝土和金属结构安装工程。

(3)施工进度的时间坐标，当总工期较短(4~5年)时，精确到月；当总工期较长时，精确到季度。

(4)施工进度线上应标明分段工程量，月(季)平均施工强度，大坝各期达到的高程和相应的升高速度。

(5)应绘制土石方开挖、填筑和混凝土浇筑强度曲线，并标明分年完成的工程量。

(6)表上应附有主体工程施工程序示意图及主体工程和导流工程的主要工程量表。

(7)估算高峰期和平均劳动力数量。

9.2.4 施工进度方案比较

在可行性研究阶段或初步设计的前期，一般常有几个水工布置方案，对于具有代表性的水工方案，都应编制控制性施工进度计划表，提出施工进度计划指标和对水工方案的评价意见，作为水工布置方案比较的依据之一。另外，对一个水工方案也可做出几种不同的施工方案，比如水电工程的五年发电方案和六年发电方案、不同导流方案的进度方案，因而可以编制出多个相应的施工进度方案，需要对施工进度方案进行比较和优选。

9.2.5 编制施工总进度表

在初步设计的后期，即选定水工总体布置方案之后，对以拦河坝为主体建筑物的工程，在导流方案确定之后，编制选定方案的施工总进度表。施工总进度表是编制施工总进度的最终成果，它的形式和控制性施工进度表基本相同，项目应当更细，附图表应当更全面。某水电站控制性施工进度表如表4-9所示。具体要求如下：

(1)工程项目应列出准备工程的主要项目、导流和主体工程的全部项目，并列出相应的工程量；

(2)施工进度的时间坐标和进度线上应标明的指标，与控制性施工进度表相同；

表 4-9　某水电站控制性施工进度表

工程项目		单位	工程量：土石方明挖	工程量：石方洞挖	工程量：混凝土	工程量：其他
准备工作						
导流工程	导流隧洞：开挖 L=620 m	万m³	31.0	12.0		
	衬砌	万m³			3.7	
	截流临时土石围堰修建	万m³				15.0
	上游混凝土过土围堰	万m³	1.5		4.2	
	下游混凝土过水围堰	万m³	0.5		2.2	
	导流隧洞封堵	万m³			0.7	
大坝工程	上坝公路	万m³	8.8			
	坝基开挖：岸坡	万m³	22.0			
	河床	万m³	8.0			
	混凝土浇筑：左岸坝段	万m³			88.0	
	河床坝段	万m³			57.0	
	右岸坝段	万m³			45.0	
	进水口混凝土	万m³			0.30	
	引水钢管安装	万t				0.30
	基础帷幕灌浆	万m				11.5
厂房工程	进厂交通洞：开挖	万m³	3.0	4.0		
	衬砌	万m³			1.9	
	厂房基础开挖	万m³	20.2			
	下部混凝土浇筑	万m³			12.3	
	上部混凝土浇筑	万m³			8.5	
	水轮发电机组安装	万kW	3×30			
开关站	土石方开挖	万m³	5.2			
	混凝土浇筑	万m³			0.3	
放空洞	开挖	万m³	2.6	7.2		
	衬砌	万m³			3.3	
船筏道	开挖	万m³	10.2			
	混凝土浇筑	万m³			6.2	

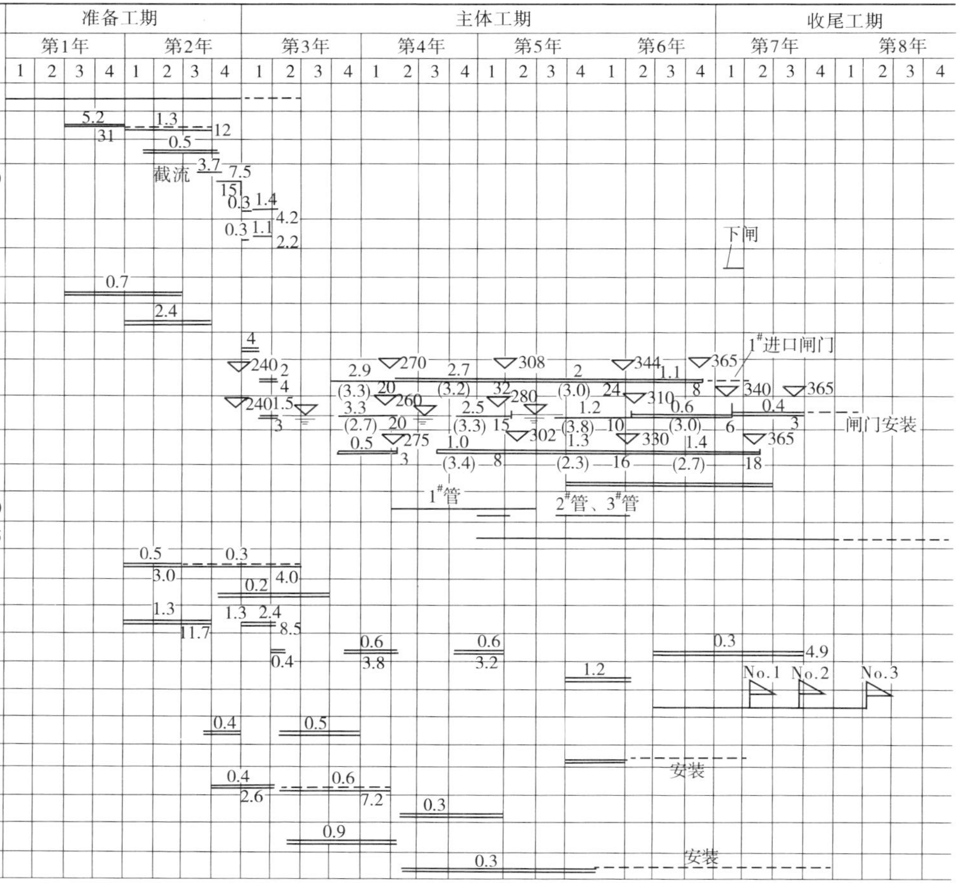

续表 4-9

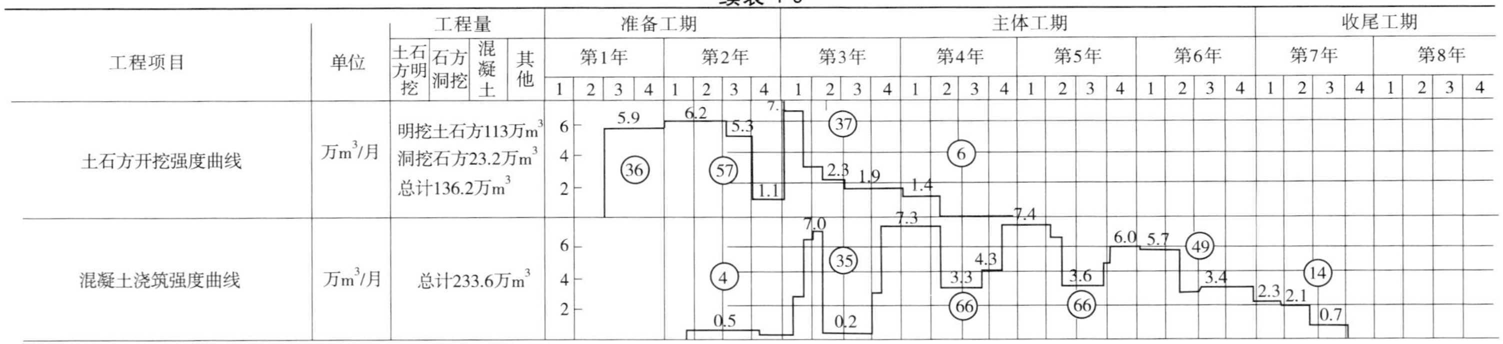

大坝浇筑程序

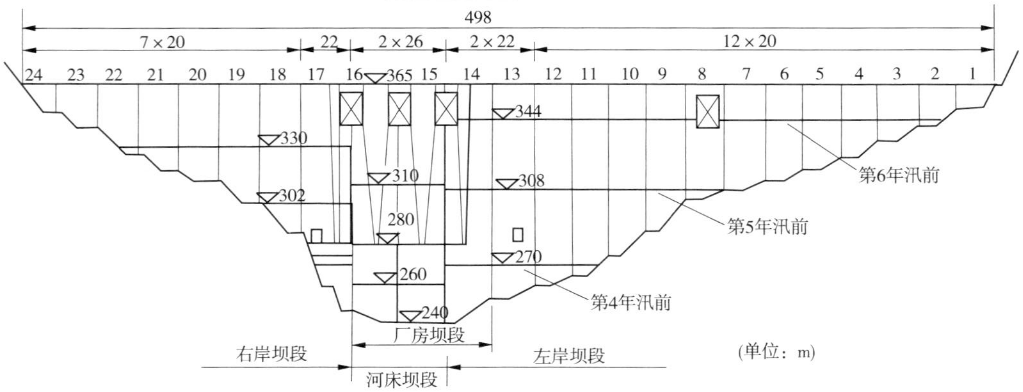

(单位：m)

主要工程量

项目	土石方明挖/万m³	石方洞挖/万m³	混凝土/万m³	钢筋/万t	钢材/万t	固结灌浆/万m	帷幕灌浆/万m
大坝工程	38.8		190.3	2.12	0.60	5.80	11.5
厂房工程	23.2	4.0	22.7	0.43	0.15	0.71	
开关站	5.2		0.3	0.12	0.02		
防空洞	2.6	7.2	3.3	0.20	0.06	0.35	
船筏道	10.2		6.2	0.22	0.12		
小计	80.0	11.2	222.8	3.09	0.95	6.86	11.5
导流工程	33.0	12.0	10.8	0.15	0.04	0.24	
合计	113.0	23.2	233.6	3.24	0.99	7.10	11.5

图例

1.进度指示线：
- 土石方明挖
- 石方洞挖
- 混凝土浇筑
- 其他
- 汛期坝体过水

2. $\frac{c}{(d)}$ ▽a / b：
- ▽a 时段末坝体达到高程/m
- b 时段内应完成的工程量/万m³
- c 时段内月平均强度/(万m³/月)
- d 时段内月平均上升速度/(m/月)

3. No.1 1#机组发电

4. ⓔ 年度内应完成的工程量/万m³

(3)除绘制土石方开挖、填筑和混凝土浇筑强度曲线外,还要绘制劳动力需要量曲线和施工期坝前水位变化过程线;

(4)总进度表上应附有关键工程的分期施工形象进度图,主体工程、导流工程和临时工程的工程量表;

(5)施工准备工程进度表作为施工总进度表的附图另行提出。

9.3 土石坝施工进度计划编制

土石坝施工中坝体度汛和拦洪安全十分突出,施工组织设计要把握好这个关键问题,认真研究土石坝工程的施工程序、坝体度汛、拦洪高程和施工日期。坝体施工的分期分块就是要保证全年施工、均衡施工和安全度汛。

9.3.1 施工进度计划编制原则

(1)施工进度计划应与导流方案相适应。

(2)坝体各项工程的施工必须遵循施工总进度计划的安排,确保工程如期完成。

(3)施工进度应与施工总体布置相适应,各阶段的施工部位、施工方法、施工强度等应与施工场地布置统一考虑。

(4)工程竣工后不留尾工。

(5)合理安排施工准备工程的进度计划,以保证各施工程序和工序之间的顺利衔接。

9.3.2 坝体填筑进度安排

9.3.2.1 有效施工工日的分析

土石坝施工受气温、降雨等气象因素的影响,年内各月的有效施工工日有很大的差异,对土石坝的施工强度和施工进度有很大的影响。因此,在安排大坝施工进度之前,要分析有效施工工日,作为安排施工进度的依据。有效施工工日计算见工作任务1。

9.3.2.2 坝体高程—工程量曲线绘制

在安排土石坝施工进度的过程中,坝体各期上升高程的确定,不仅要考虑施工导流、大坝拦洪等要求,而且要分析大坝的填筑强度是否能够实现。因此,坝体各期上升高程,要经过反复分析和比较之后才能确定。绘制坝体高程—工程量曲线,就是为了适应这种工作过程的需要,每当拟订一个高程之后,就可以很快地从曲线上查到该高程以下的工程量,准确地算出大坝的填筑强度。坝体高程—工程量曲线见图4-2。

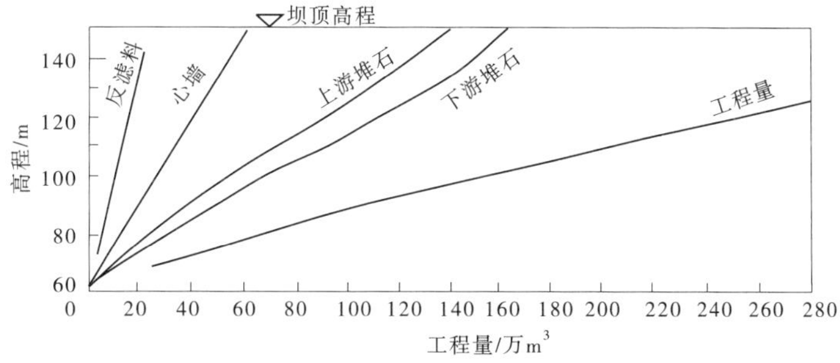

图4-2 坝体高程—工程量曲线

9.3.2.3 大坝施工分期的拟订

1.纵断面上的分期

土石坝施工在纵断面上可以采取不分段和分段两种方式进行。

不分段施工示意见图4-3。对于河床较窄的河流,一般采用不分段施工方式,即采用岸边隧洞或埋在坝内的涵管导流,大坝由基础全面向上平起,在一个枯水期把基础处理好并把大坝填筑到拦洪高程,也可以采用过水围堰,在第一个枯水期处理地基,填筑一部分坝体,在第二个枯水期将坝体填筑到拦洪高程。不分段施工由于坝体在纵断面上不留接缝,对大坝的质量有利。另外,施工场面比较大,便于安排坝面流水作业。

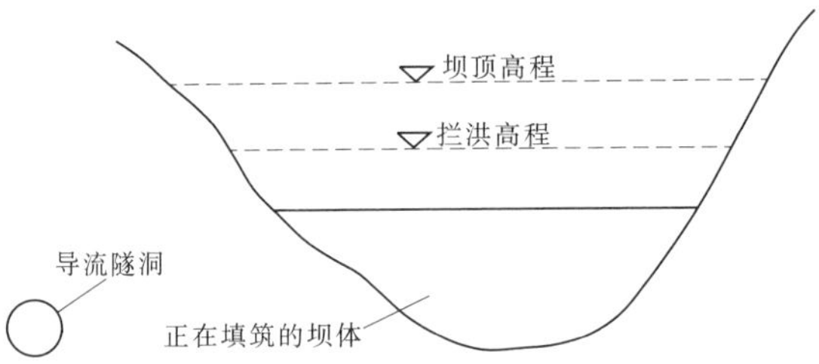

图4-3 不分段施工示意

分段施工示意见图4-4。对于河床较宽的河流,在一岸或两岸有天然台阶地,大坝可以采取分段施工。第一期在台阶地开挖导流明渠,枯水期用明渠导流,进行河床基础处理,将坝体填筑到一定高程,与此同时,台阶地段也可以填筑一部分坝体;第二期封堵导流明渠,改由隧洞(或涵管)导流,集中力量填筑合龙坝体,在一个枯水期内将坝体修到拦洪高程。由于台阶地施工可以利用原河床开挖明渠导流,所以在修建导流隧洞的同时就可以填筑一部分坝体,使坝体填筑强度比较均衡。另外,可以减少坝体的工程量,降低抢修拦洪坝体的施工强度,对保证按期达到拦洪高程有利。如果采料场位于上游较低的高程上,分段施工可以较多地利用上游料场。

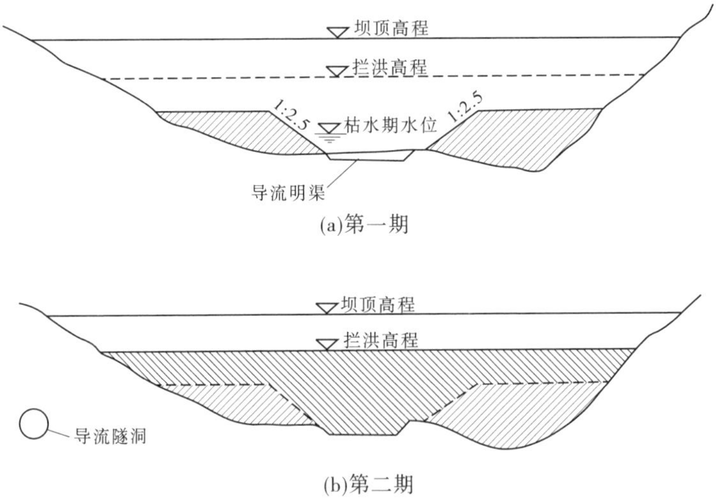

图4-4 分段施工示意

2. 横断面上的分期

所谓横断面上的分期,主要指拦洪前采取经济断面施工。

对于大型土石坝工程,在抢修拦洪坝体时,工程量大,填筑强度高,施工十分紧张,为了减少拦洪阶段的工程量,降低填筑强度,保证按期达到拦洪高程,可以采取经济断面进行填筑。

根据不同坝型和不同填筑材料的分区情况,拟订分区填筑施工程序。黏土斜墙坝先填堆石料,而后斜墙紧跟填筑;混凝土面板坝先填坝体到一定高程,然后将混凝土面板坝一次筑成;黏土心墙坝,心墙的填筑控制整个坝体升高,一般堆石体可先于心墙一定高程,当条件许可时,心墙与堆石体应同时上升。

9.3.2.4 施工进度安排

首先结合导流设计,研究坝体在纵断面上的分段和横断面上的分期,安排一个轮廓进度。其次确定坝的拦洪高程和达到拦洪高程的日期,确定坝体各期上升高程,根据有效工日定出各个时段的施工强度和坝体上升速度,由施工设计对此强度和上升速度进行分析论证,经过反复比较修正,最后确定大坝的施工进度。

1. 确定拦洪高程

拦洪高程是指大坝在施工过程中,按一定的洪水标准确定的坝体挡水高程。

确定拦洪高程是一项综合性的工作,须由导流设计、施工总进度、施工方法密切配合,反复比较后才能最后选定。在初步选定拦洪高程后,施工总进度着重分析拦洪前的填筑量和填筑强度,并由施工方法加以配合。如果不能达到此高程,则应改变拦洪方案,如加大导流的泄洪能力,以降低拦洪高程,或者采取特殊的泄洪或保坝措施。进行几个拦洪方案的分析与比较,最终选定一个经济上合理、技术上可靠、保证大坝安全的坝体拦洪高程。

2. 确定拦洪日期

拦洪日期是指施工进度规定的坝体达到拦洪高程的日期。

拦洪日期的确定是安排土石坝施工进度的一个重要问题。安排时间过早,虽然减少了抢修拦洪坝体的工期,但是加大了施工强度;安排时间过迟,万一洪水提前到来,将造成坝体漫水,引起大坝失事,造成重大损失。

确定拦洪日期的方法是根据河流的水文特性和历年的洪水流量记录,分析历年最大洪水的出现规律,与导流设计共同研究,选取最大洪水可能出现的日期。

3. 确定拦洪过渡期坝体上升高程

从枯水期末到设计规定的拦洪日期这一时段,称为拦洪过渡期。确定拦洪过渡期坝体上升高程有两种方法。

(1)按水文特性划分时段法。将过渡期按水文特性划分为若干时段,计算各个时段不同频率的洪水及其相应的坝前水位(库容大时应调洪),坝体高程在各时断末应达到下一时段的设计洪水位以上。现举例说明该方法。

根据各时段的拦河坝的坝高、库容等条件,选定时段设计洪水,并计算其坝前水位,从而确定各时段末的坝体上升高程,如表4-10所示。

某坝采取枯水期挡水围堰,枯水时段为9月15日至次年3月31日,拦洪日期为7月20日,拦洪设计洪水标准为$P=1\%$的流量为11 000 m^3/s。根据本流域的水文特性,将过渡期划分为三个时段，分别计算其不同频率的流量，如表4-11所示。

表4-10　某坝不同时段坝体上升高程

项目	时段				
	枯水期末	04.01~05.15	05.16~06.20	06.21~07.20	07.20
设计频率		5%	5%	2%	1%
设计流量/(m^3/s)		3 000	4 200	7 300	11 000
相应坝前水位/m		45.5	52.0	60.3	64.3
坝体上升高程/m	46.0	53.0	61.0	66.0	

表4-11　某坝不同时段、各种频率洪水流量

设计频率	时段和流量/(m^3/s)		
	04.01~05.15	05.16~06.20	06.21~07.20
P=10%	2 000	3 000	
P=5%	3 000	4 200	5 300
P=2%		6 500	7 300
P=1%			9 000

（2）按月划分时段法。按月计算不同频率的流量及相应水位，从而确定月末的坝体上升高程，其方法同上。

4. 坝体填筑强度的论证

根据坝体各期上升高程，在坝体高程—填筑量曲线上查得各控制时段的填筑量，根据各相应时段的有效工日，算出时段的日平均填筑强度。

日平均强度乘以日不均衡系数即为日高峰强度。日不均衡系数和工程的机械化配套程度、施工管理水平、料物性质及时段的长短有关，可以在1.5~2.0选取。

确定日高峰强度以后，应进行施工方法设计，研究料物运输、上坝方式、碾压施工方法、坝面流水作业分区等，论证能否达到施工进度规定的施工强度。填筑强度拟订原则如下：

（1）满足总工期及各高峰期的工程形象要求，且各强度较为均衡。要注意利用临时断面调节填筑强度。

（2）月高峰填筑量与坝体总量比例协调，一般可取1:20~1:40。小浪底坝为1:35，黑河坝为1:15，鲁布革坝为1:18，天生桥一级水电站为1:15。分期导流和一次导流的工程在选取此比值时，应注意其差异。

（3）月不均衡系数宜为1.5~2.5，日不均衡系数宜控制在2.0左右。月不均衡系数，如毛家村坝为2.73，升钟坝为2.80，石头河坝为1.93（高峰年为1.3），小浪底坝为1.31，黑河坝为2.33，加拿大波太基山坝为1.34，日本高濑坝为1.88，希腊克瑞马斯塔坝为1.72，巴基斯坦塔贝拉坝为2.40；日不均衡系数，如黑河坝为1.69（心墙料为1.35、坝壳料为2.15），波太基山坝为1.48，塔贝拉坝为2.42，石头河坝为2.22（高峰年）。

（4）填筑强度与开采能力、运输能力相协调，其中坝料运输线路的标准和填筑强度的

关系尤为重要。

5. 坝体上升速度的论证

(1)根据坝体各期上升高程和该时段的有效施工工日,计算坝体的日平均上升速度。

(2)黏土心墙坝和斜墙坝的上升速度,主要由心墙或斜墙的上升速度控制。心墙、斜墙可能的上升速度和土料性能、有效工作日、工作面条件、运输与碾压设备性能及施工工艺有关,一般是通过分析并结合经验确定的,必要时可进行现场试验。我国 20 世纪 80 年代以后的实践表明,黏土填筑速度一般为 0.2～0.5 m/d,3～7 m/月,最高时可达 10 m/月以上,黑河坝曾达到 14 m/月。

改善上坝运输道路,采用大型运输机械和重型碾压机械,加大铺土厚度,可以提高土石坝的施工强度,加快上升速度,在安排土石坝施工进度时,应结合工程的具体条件,尽可能采用先进的施工方案,加快土石坝的施工进度。

在初步拟订施工进度时,可以参考已建工程的施工进度指标,结合本工程的具体条件,初步拟订坝体的上升速度和施工强度。

9.3.2.5　坝体填筑分期分块工程实例

1. 小浪底工程

小浪底水利枢纽大坝为壤土斜心墙堆石坝,上游拦洪围堰作为坝体的一部分,为斜墙堆石围堰。坝高 154 m,坝顶宽 15 m,坝顶长 1 317 m,总填筑方量为 4 800 万 m^3,是目前国内最高、填筑方量最大的斜心墙土石坝工程。其施工工期短,填筑强度高,特别是截流之后,大坝填筑为关键项目。根据施工总进度计划安排,主体工程施工总工期为 8 年,第 4 年 12 月截流。在截流前完成一部分大坝的填筑,对减少截流后工程量、降低填筑强度、缩短工期是十分必要的。小浪底坝址河道平直,主流靠近左岸,常水位 135 m 左右,右岸有 350～400 m 滩地,高程 135～150 m。利用右岸滩地条件,施工设计将大坝填筑实行分期分块施工。截流前为一期工程、将右岸坝体填筑到 200 m 高程。左岸河床过流,将河床束窄到 250 m 左右。截流后为二期工程,填筑左侧河床坝体至 200 m 高程后,整个坝体继续填筑到坝顶高程 281 m。截流后第 2 年汛前,坝体填筑到 200 m 高程,拦挡 500 年一遇洪水。此阶段坝体填筑工程量大,施工强度高,而且基础混凝土防渗墙施工,基础开挖处理与坝体填筑干扰也大,是大坝施工最困难的阶段。各阶段分块和填筑工程量、施工强度等分别如图 4-5 和表 4-12 所示。

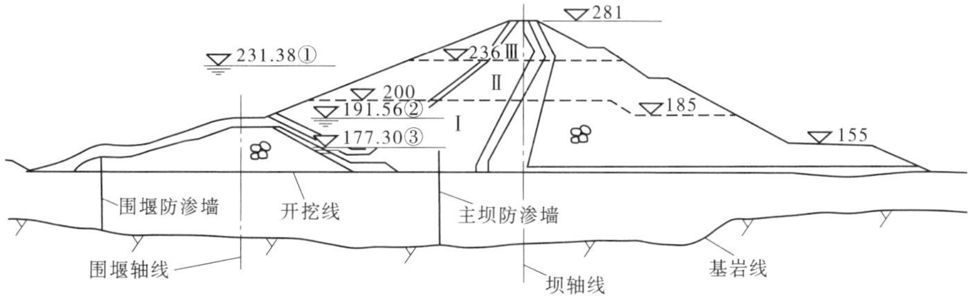

①—1 000 年一遇设计洪水位;②—500 年一遇设计洪水位;③—100 年一遇设计洪水位。

图 4-5　小浪底坝体填筑拦洪度汛断面　(单位:m)

表 4-12　小浪底坝体及拦洪围堰分期填筑工程量与填筑强度

填筑分期		土料/万 m^3	石料/万 m^3	反滤料/万 m^3	合计/万 m^3	填筑工期/月	平均月强度/(万 m^3/月)	高峰月强度/(万 m^3/月)	日强度/(万 m^3/d)	坝体平均上升速度/(m/d)
截流前	上游拦洪围堰	45.44	191.38	7.92	244.74	11.0	22.25	26.76	1.31	0.28
	坝体	205.44	463.54	51.18	720.26	13.0	55.40	59.95	3.17	0.28
	小计	250.88	654.92	59.10	965.00					
截流后	上游拦洪围堰	47.93	162.30	8.98	219.21	4.5	48.71	56.15	2.39	0.50
	坝体高程 200 m 以下	272.62	1 118.38	63.85	1 454.85	15.0	96.99	122.44	5.67	0.21
	坝体高程 200~236 m	222.61	1 114.08	54.68	1 391.37	12.0	115.95	121.34	5.53	0.13
	坝体高程 236~281 m	156.41	552.39	69.42	778.22	12.0	64.85	66.04	3.19	0.17
	小计	699.57	2 947.15	196.93	3 843.65					
合计		950.45	3 602.07	256.03	4 808.65					

2. 天生桥一级工程

天生桥一级水电站坝型为混凝土面板堆石坝,坝高 178 m,坝顶宽 15 m,坝顶长 1 137 m,坝体填筑方量 1 853 万 m^3,是国内最高的混凝土面板堆石坝。工程于 1994 年 12 月截流,1995 年 10 月完成溢洪道剥离及备料开挖、两岸坝肩开挖等。1996 年 1 月完成河床开挖、坝体分期填筑,共分 5 期,各期分块及填筑强度分别如图 4-6 和表 4-13 所示。

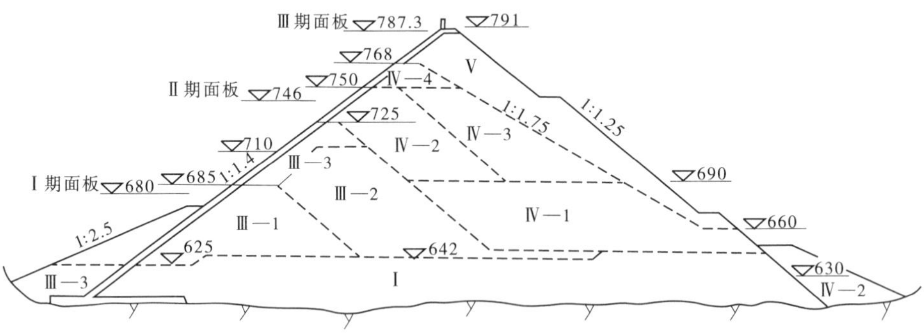

图 4-6　天生桥一级水电站坝体填筑分期示意　(单位:m)

表 4-13　天生桥一级水电站大坝填筑分期及工程量

分期	填筑时间（年-月-日）	形象面貌	填筑量/万 m^3	平均强度/（万 m^3/月）
Ⅰ	1996-01-10—1996-06-10	河床高程 642 m，泄水槽宽 120 m，左岸高程 662.5 m，右岸高程 660 m	177.64	35.53
Ⅱ	1996-06-11—1996-11-10	两岸上游部位 2/3 坝体，左岸高程 725 m，右岸高程 735 m	192.79	38.56
Ⅲ-1	1996-11-11—1997-01-31	临时断面上游部位至高程 685 m	98.94	49.47
Ⅲ-2	1997-01-01—1997-04-30	全临时断面上游部位至高程 685~710 m，下游至高程 645 m	155.60	38.90
Ⅲ-3	1997-05-01—1997-06-20	全临时断面至高程 725 m	78.57	46.22
	小计（1997 年汛前）	临时断面至高程 725 m，下游填筑至高程 645 m	703.54	第Ⅲ期平均强度 45.63，叠加高峰强度 55.10
Ⅳ-1	1997-06-21—1997-09-30	下游填筑至高程 690 m	111.24	55.62
Ⅳ-2	1997-09-21—1998-01-20	临时断面上游部位至高程 750 m	234.30	58.60
Ⅳ-3	1997-10-01—1998-04-30	临时断面下游部位至高程 750 m	261.60	37.29
Ⅳ-4	1998-05-01—1998-06-20	临时断面高程 750~768 m	80.54	47.38
	小计（1998 年汛前）	临时断面至高程 768 m，下游至高程 660 m	1 390.68	第Ⅳ期平均强度 57.26，叠加高峰强度 65.47
Ⅴ	1999-01-01—1999-10-31	坝体填至高程 787.3 m	402.60	40.26
	1999-11-01—1999-11-30	坝顶公路	9.00	9.00
合计			1 802.28	

9.3.3　土石坝进度计划编制方法

进度计划编制方法有横道图法和网络图法两种。横道图法是常用的一种方法，其编制方法与步骤如下。

9.3.3.1　列出工程项目

根据设计图纸，将土石坝中的各分部分项工程按施工程序列入进度表中。某土石坝施工进度计划见表 4-14。

表 4-14　某土石坝施工进度计划

工程项目		工程量 单位	工程量 数量
准备工程			
导流工程	上下游低水围堰土石料填筑		
	下游围堰拆除		
	导流洞施工		
	导流洞封堵		
临时度汛断面	土石方开挖	m^3	168 000
	溢流体砌石	m^3	4 300
	石渣填筑	m^3	679 100
	土料填筑	m^3	102 200
	过渡带及垫层砂砾	m^3	37 000
	块石护坡	m^3	23 200
	护坡块石及粉土斜墙挖除	m^3	31 800
坝体施工	土石方开挖	m^3	205 900
	底板及齿墙混凝土	m^3	18 800
	固结灌浆与帷幕灌浆	m^3	26 710
	石渣填筑	m^3	2 089 600
	土料填筑	m^3	337 700
	过渡带反滤料填筑	m^3	387 300
	砂砾垫层及条石护坡	m^3	35 100
观测仪器埋设			
开挖 / 填筑（图例）	土石方施工强度/(m^3/d)		
	劳动力数/(人/d)		

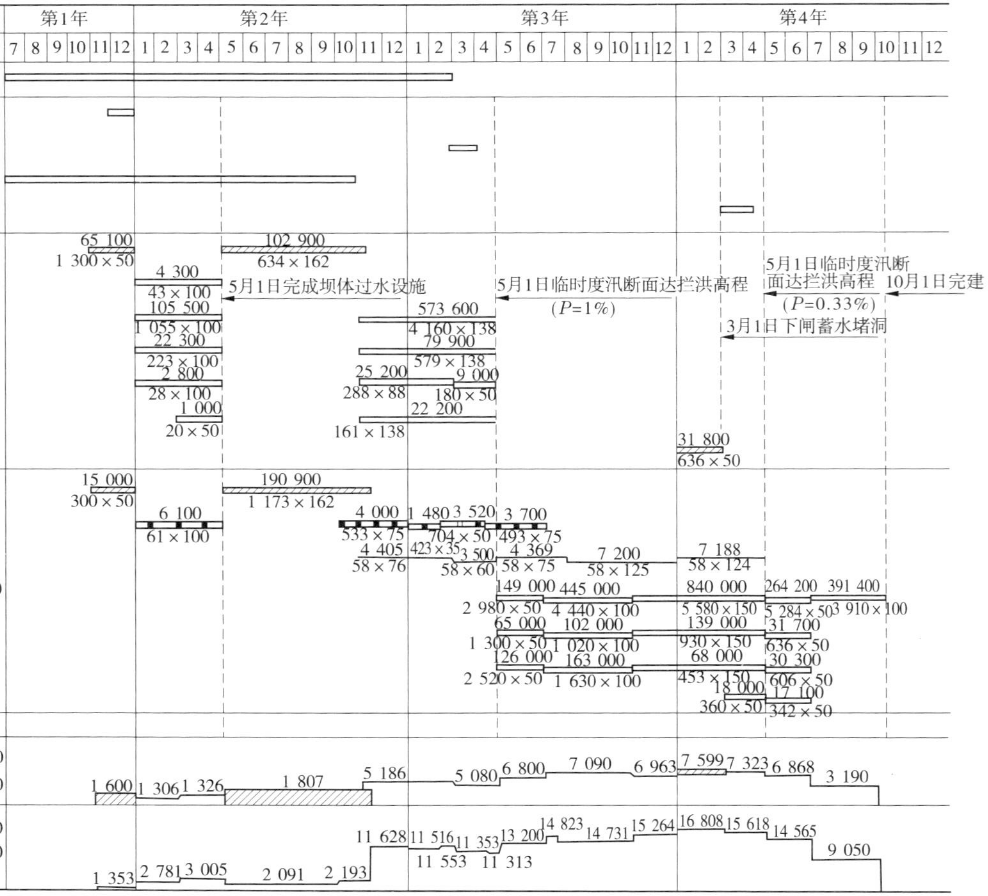

注：施工强度和劳动力曲线中未记入准备工程，导流工程。

9.3.3.2　计算工程量

根据设计图纸，按照施工阶段及分期绘制坝高与工程量的关系曲线，查算各段分期工程量。

9.3.3.3　草拟各项工程进度线

以表4-14为例，安排施工进度计划。该表所列坝型为黏土心墙石渣坝，所在河道5~11月中旬为汛期。开工后第一年由于地基处理工程量较大，故用上游围堰（坝体上游部分）拦洪度汛；第二年度汛采用砌石溢流堰泄流，汛后进行地基处理；第三年汛前上游围堰达到拦洪高程；第四年三季度完建。这样，便构成施工的控制性进度，其中截流、拦洪、竣工等日期是进度计划的控制点。首先按施工分期结合导流、拦洪度汛要求安排有关主要项目的施工进度。然后按施工顺序安排其他工程项目的施工进度，并据此分析论证各项施工强度，调整进度线的长短。

表4-14中第二年11月下旬截流，各年的4月30日为拦洪度汛，第四年10月1日完建，这便是施工进度的控制点。与这些控制点有关的工程项目，其进度线已确定，因而要分析论证其施工强度的可行性。

9.3.3.4　进度平衡修正

主要是对施工强度、主要机械台数、机械功率数（kW）、每天作业人数等指标进行平衡修正。表4-14示例中仅给出平衡后的土石方日施工强度和日作业人数曲线。以下以土石方施工强度为例，说明进行平衡修正的步骤。

（1）在各施工进度线上面注明其工程量，下面注明相应的施工强度、日作业人数和施工天数，例如

$$\frac{\text{工程量}}{\text{施工强度}\times\text{日作业人数}\times\text{天数}}$$

（2）在进度表的下部绘制出土石方日施工强度曲线和日作业人数曲线。

由于料场开采规划（包括弃渣利用）涉及整个枢纽工程施工布置，故土石方平衡时应结合水工设计要求、施工总平面布置，按土石坝施工进度要求，配合施工总进度进行反复综合平衡。具体内容有以下几个方面：料场位置和高程与坝体部位相协调，开采时间与坝体填筑时间相一致，开采方量与填筑部位方量相一致。如此进行土石方的挖填综合平衡，做到经济合理。

当进行劳动力平衡时，应根据各期各项工程的工程量与其劳动产量定额，计算出作业人数，在进度表的下部列出每日作业人数，并用上述方法进行调整，达到劳动力平衡。

工作任务5 施工总体布置

1 工作任务

根据工程已给的设计等基本资料,绘制施工总体布置图,并编写总体布置报告。

2 工作目标

(1)掌握施工总体布置的内容和要求;
(2)掌握碾压式土石坝施工道路布置形式的选择;
(3)能合理进行面板堆石坝施工布置规划;
(4)能根据现场条件和施工要求,合理进行施工场地布置,绘制施工总平面图。

3 任务分组

按照学号顺序,每6~8名学生为1个小组,每小组设组长1名,每个小组的设计任务要求组内成员保质保量完成。小组成员互相讨论设计方案,培养团队协作能力,小组间不得互相抄袭。

学生任务分组表

班级		组号		指导教师	
姓名		学号		工作日期	
任务分工					
提交成果					

4　引导问题

(1)为什么进行施工总体布置?

(2)施工场地一般布置哪些区域?

(3)施工分区规划应考虑哪些因素?

5　工作计划

根据小组任务分工和收集到的信息资料,制订该碾压式土石坝施工总平面布置方案,利用流程图或者其他形式进行表示。

6　进度决策

分组汇报各组制订的工作计划,小组互评、教师点评,确定土石坝施工总平面布置方案,为任务实施做好准备。

7　工作实施

7.1　进行场地规划

场地规划的基本原则如下:

(1)施工场地布置应遵循因地制宜、因时制宜、有利于生产、方便生活、节约用地、经济合理的原则。

(2)渣场和中转储料场宜充分利用山沟地形布置,可分多处布置,弃渣场位置应尽量靠近弃渣区中心且交通便利处,中转储料场应选择储存、回采便利,不易被污染地带。

(3)施工生产场地应优先满足砂石加工、混凝土生产、机械保养等设施布置需要,场地要求交通连接便利,场地平整,工作量少,对生态影响小,并尽量靠近施工区。

(4)合理规划,尽量利用荒地、滩地、山坡地,不占或少占耕地、经济林地;应避开文物古迹,避免损坏古树名木,符合环境保护及水土保持要求。

(5)施工场地应避开滑坡、泥石流等不良地质地段,上、下边坡应稳定,场地高程应满足20年一遇($P=5\%$)洪水度汛安全要求。

(6)当工程附近场地狭窄、施工布置困难时,可适当利用库区场地,但应满足分期导流、蓄水要求。充分利用山坡小台阶式布置,并根据施工阶段要求尽可能重复利用施工场地,短期布置的设施,可利用部分弃渣场地。

7.2 施工布置规划

施工布置规划应围绕料场规划、上坝线路的布置为重点进行合理分区规划。规划的主要程序为:料场规划→上坝道路规划布置→工程弃料、堆存料场布置→重要生产辅助企业布置→其他生产辅助设施布置→生活办公设施布置→风、水、电系统布置。

各主要施工布置区域可分为下列几个方面:

(1)工程弃料、中转料堆放区。混凝土面板堆石坝工程在施工过程中将产生较多的工程弃料和中转储备料,堆放区选择的合理性,对工程的建设成本及生态环境等会造成较大影响,场地宜分区就近布置,并做好永久的挡渣、排水设施,场地的容量应满足计划堆存量的1.5倍以上。

(2)砂石加工系统。砂石加工系统包括混凝土骨料、大坝垫层料生产、掺配等,需要布置场地较大,宜优先选择布置在料源地附近,靠近上坝运输线路,地形适合,可根据地形采用多台阶布置。

(3)混凝土生产系统。混凝土面板应具有良好的和易性、抗裂性、耐久性,为减少混凝土运输过程中坍落度损失,系统宜就近布置,由于混凝土面板施工期短,针对混凝土面板特点常在坝顶两端附近或坝体临时断面的坝面上增设临时系统生产,其他结构混凝土,选择在靠近混凝土施工区的合适位置,布置相对固定的混凝土生产系统。

(4)生产辅助企业区。生产辅助企业区包括汽车和施工设备修理保养厂。钢筋加工厂预制厂、施工仓库等,只要场地合适、交通便利,都适合布置,其中的危险品仓库,应严格按消防安全要求隔离布置。

(5)机电、金属结构、大型施工机械的堆存及安装场地。金属结构与设备安装一般都在土建施工高峰期过后进场。因此,场地选择应优先使用退场的场地,或建筑物的开挖平台、弃渣场平台等,并尽量靠近安装区的中心。

(6)生活办公区。应布置在边坡安全,爆破飞石、施工噪声等干扰小,工人上下班往返便利的合适地带;当现场没有合适场地、生活区距施工区较远时,可配置场内通勤班车接送。

各施工区域在布置上并非是截然分开的,它们在施工、生产工艺及布置上是相互联系的,有时相互穿插,组成一个统一的、调度灵活的、运行方便的整体。在区域规划时,一般根据现场布置条件及生产工艺的相互关联度,将关联紧密的设施尽可能邻近布置。

各类生产及生活设施的布置规模及要求,可根据施工强度计划情况,参见《水利水电工程施工组织设计规范》(SL 303—2017),或参照同类工程经验类比确定。

7.3　布置方案比选

在完成施工布置规划后，对主要的布置项目应进行方案比选，比选的主要项目及内容包括以下几点：

(1)料场的运距里程、覆盖层剥离量、料场储量及质量情况，开采条件能否满足施工强度需要。

(2)主要上坝运输线路的顺畅程度、可靠性及修建线路的技术条件、工程量。

(3)场地平整的技术条件、工程量及形成时间。

(4)区域规划的合理性，相互之间的干扰、影响程度，管理是否集中、方便，场地是否有拓展的余地等。

(5)施工供水、供电条件。

(6)场地上、下边坡安全情况，防洪标准等。

(7)场内安全、防火、卫生能否满足要求，对污染环境的各污染源采取的措施是否合理有效。

(8)方案比选评价应注意的问题。

①方案比选应在满足施工进度、质量、安全的条件下进行。

②在满足主要项目比较的基础上进行其他项目的比较，力争取得优越的技术经济指标。

③各定量对比指标计算方法和采用的综合指标应基本一致，并力求准确。

8　评价反馈

主要包括组内、组间学生相互检查评价，教师检查评价等。学生自评占50%、教师评价占50%，分别如表5-1、表5-2所示。

表5-1　学生自评表

班级		姓名		学号	
学习任务1	施工总体布置				
评价项目	评价标准			分值	得分
施工总体布置内容	熟练掌握施工总体布置的内容			30	
施工总体布置程序	熟练掌握施工总体布置的设计程序			30	
编制报告	能够编制土石坝施工组织设计报告			40	
	合计			100	

表 5-2 教师评价表

班级		姓名		学号	
学习任务 1	施工总体布置				
评价项目	评价标准			分值	得分
平时表现	出勤、课堂表现、团队合作情况			40	
成果评价	确定施工总平面布置， 编写土石坝施工组织设计报告			60	
	合计			100	

9 相关知识点

9.1 施工总体布置概述

9.1.1 施工总体布置的作用

施工总平面图是拟建项目施工场地的总布置图，是施工组织设计的重要组成部分，它是根据工程特点和施工条件，对施工场地上拟建的永久建筑物、施工辅助设施和临时设施等进行平面上和高程上的布置。施工现场的布置应在全面了解掌握枢纽布置、主体建筑物的特点及其他自然条件等基础上，合理地组织和利用施工现场，妥善处理施工场地内外交通，使各项施工设施和临时设施能最有效地为工程服务。为保证施工质量、加快施工进度、提高经济效益，同时，也为文明施工、节约土地、减少临时设施费用创造了条件。另外，将施工现场的布置成果标在一定比例的施工地区地形图上，就构成施工现场布置图。绘制的比例一般为 1:1 000 或者 1:2 000。

9.1.2 施工总体布置的内容

施工总体布置的内容主要有：

(1) 配合选择对外运输方案，选择场内运输方式及两岸交通联系的方式，布置线路，确定渡口、桥梁位置，组织场内运输；

(2) 选择合适的施工场地，确定场内区域划分原则，布置各施工辅助企业及其他生产辅助设施，布置仓库站场、施工管理及生活福利设施；

(3) 选择给水、供电、压气、供热及通信等系统的位置，布置干管、干线；

(4) 确定施工场地排水、防洪标准，规划布置排水、防洪沟槽系统；

(5) 规划弃渣、堆料场地，做好场地土石方平衡及开挖土石方调配；

(6) 规划施工期环境保护和水土保持措施。

概括起来包括：原有地形已有的地上建筑物、地下建筑物、构筑物，铁路，公路和各种管线等；一切拟建的永久性建筑物、构筑物、道路和管线；为施工服务的一切临时设施；永久性、半永久性的坐标位置，料场和弃渣场位置。

9.1.3 施工总体布置原则及依据

9.1.3.1 施工总体布置原则

施工总体布置方案应遵循因地制宜、因时制宜、有利生产、方便生活、易于管理、安全可靠、经济合理的原则。

(1)施工总体布置应综合分析水工枢纽布置、主体建筑物规模、形式、特点、施工条件和工程所在地区社会、自然条件等因素,妥善处理好环境保护和水土保持与施工场地布局的关系,合理确定并统筹规划为工程施工服务的各种临时设施。

(2)施工总体布置方案应贯彻执行十分珍惜、合理利用土地的政策,遵循因地制宜、因时制宜、有利生产、方便生活、易于管理、安全可靠、注重环境保护、减少水土流失、充分体现人与自然和谐相处及经济合理的原则,经全面系统比较论证后选定。

(3)施工总体布置设计时应考虑以下各点:

①施工临时设施与永久性设施,应研究相互结合、统一规划的可能性。临时性建筑设施,不要占用拟建永久性建筑或设施的位置。

②当确定施工临建设施项目及其规模时,应研究利用已有企业设施为施工服务的可能性与合理性。

③主要施工工厂设施和临时设施的布置应考虑施工期洪水的影响,防洪标准根据工程规模、工期长短、河流水文特性等情况,分析不同标准洪水对其危害程度,在5 ~20年重现期范围内酌情采用。高于或低于上述标准,应有充分论证。

④场内交通规划,必须满足施工需要,适应施工程序、工艺流程;全面协调单项工程、施工企业、地区间交通运输的连接与配合,运输方便,费用少,尽可能减少二次转运;力求使交通联系简便,运输组织合理,节省线路和设施的工程投资,减少管理运营费用。

⑤施工总体布置应做好土石方挖填平衡,统筹规划堆、弃渣场地;弃渣应符合环境保护及水土保持要求。在确保主体工程施工顺利的前提下,要尽量少占农田。

⑥施工场地应避开不良地质区域、文物保护区。

⑦避免在以下地区设置施工临时设施:严重不良地质区域或滑坡体危害地区;泥石流、山洪、沙尘暴或雪崩可能危害地区;重点保护文物、古迹、名胜区或自然保护区;与重要资源开发有干扰的地区;受爆破或其他因素严重影响的地区。

施工总体布置应该根据施工需要分阶段逐步形成,做好前后衔接,尽量避免后阶段拆迁。初期场地平整范围按施工总体布置最终要求确定。

9.1.3.2 施工总体布置依据

(1)《水利水电工程初步设计报告编制规程》(SL/T 619—2021)。

(2)可行性研究报告及审批意见、上级单位对本工程建设的要求或批件。

(3)工程所在地区有关基本建设的法规或条例,地方政府、业主对本工程建设的要求。

(4)国民经济各有关部门(铁道、交通、林业、灌溉、旅游、环境保护、城镇供水等)对本工程建设期间的有关要求及协议。

(5)当前水利水电工程建设的施工装备、管理水平和技术特点。

(6)工程所在地区和河流的自然条件(地形、地质、水文、气象特征和当地建材情况等)、施工电源、水源及水质、交通、环境保护、旅游、防洪、灌溉、航运、供水等现状和近期发展规划。

(7)当地城镇现有修配、加工能力,生活、生产物资和劳动力供应条件,居民生活、卫生习惯等。

(8)施工导流及通航等水工模型试验、各种原材料试验、混凝土配合比试验、重要结构模型试验、岩土物理力学试验等成果。

(9)工程有关工艺试验或生产性试验成果。

(10)勘测、设计各专业有关成果。

9.2 施工总平面的布置

应该指出,上述各设计步骤不是截然分开、各自孤立进行的,而是互相联系、互相制约的,需要综合考虑、反复修正才能确定下来。

施工总体布置设计程序如图 5-1 所示。

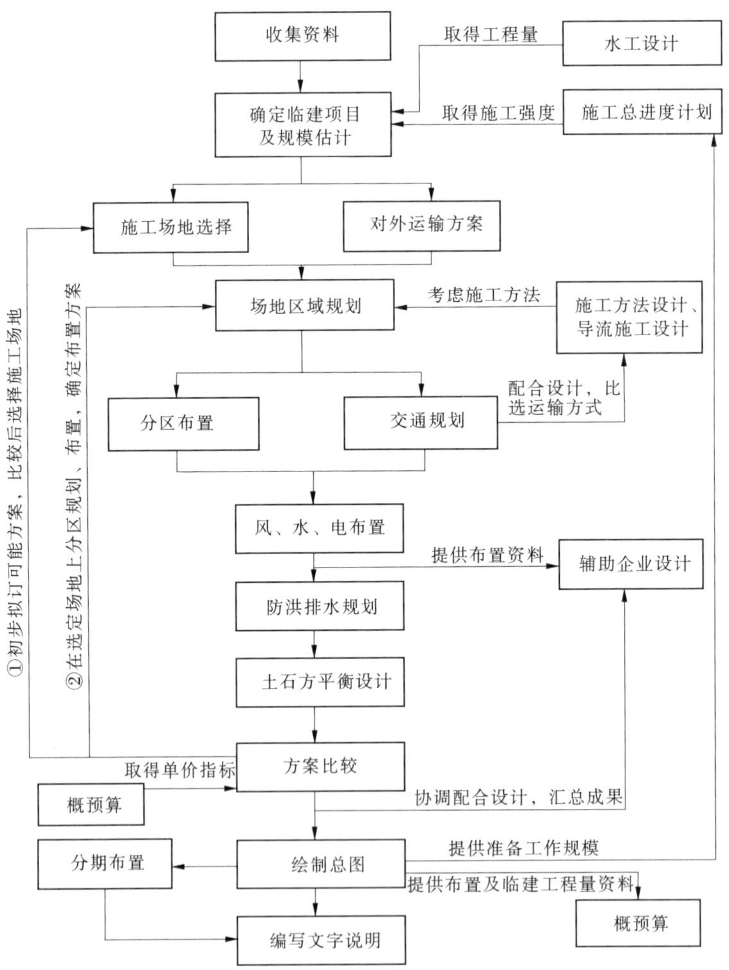

图 5-1　施工总体布置设计程序

9.2.1　收集基本资料

（1）当地国民经济现状及发展的前景。

（2）可为工程施工服务的建筑、加工制造、修配、运输等企业的规模、生产能力及其发展规划。

（3）现有水陆交通运输条件和通过能力、近远期发展规划。

（4）水、电及其他动力供应条件。

（5）邻近居民点、市政建设状况和规划。

（6）当地建筑材料及生活物资供应情况。

（7）施工现场土地状况和征地的有关问题。

（8）工程所在地区行政区规划图、施工现场地形图及主要临时工程剖面图，三角水准网点等测绘资料。

（9）施工现场范围内的工程地质与水文地质资料。

（10）河流水文资料、当地气象资料。

（11）规划、设计各专业设计成果或中间资料。

（12）主要工程项目定额、指标、单价、运杂费率等。

（13）当地及各有关部门对工程施工的要求。

（14）施工现场范围内的环境保护要求。

9.2.2　施工总体布置工作步骤

9.2.2.1　资料分析

分析原始资料，包括拟建工程地区的地形、地质、水文、气象、当地材料、交通运输等外部条件，以及工地临时给水、动力等施工条件。

9.2.2.2　确定布置情况

根据所得到的资料信息，确定施工场地和道路、堆场、附属企业、仓库及其他临时建筑物可能的布置情况。

9.2.2.3　确定自然条件影响需采取的措施

考虑自然条件对施工可能带来的影响和必须采取的技术措施，同时确定各工种每月可以施工的有效工日和冬、夏季及雨期施工技术措施的各项参数。

9.2.2.4　确定运输条件

根据所需建材情况，确定各种主要建材的供应方式和运输方式。同时确定可供应的施工机具设备的数量与性能、临时给水和动力供应设施的条件等。

9.2.2.5　确定导流方案及编制进度计划

根据工程规模和等级，以及对工程所在地区的地形、地质、水文等条件的分析研究，初步拟订施工导流方案。

研究主体工程施工方案，确定施工顺序，初步编制整个工程的进度计划。初步确定了工程总的进度计划以后，对主要工程的施工方案做出详细的规划计算，进行施工方案的优化，确定选用的施工方案及有关的技术经济指标，平衡调整修正进度计划。

9.2.2.6　确定施工总平面布置

根据修正后的进度计划，确定各种材料、物件、劳动力及机具的需求量，编制技术与生活供应计划，确定仓库和附属企业的数量、规模及工地临时房屋需要量，工地临时供水、供电、供风设施的规模与布置。

确定施工现场的总平面布置后，绘制施工总平面布置图。

9.2.3 施工总体布置注意要点

(1)施工临时设施与水利水电枢纽工程永久性设施，应相互结合，统一规划。

(2)当确定施工临建设施项目及其规模时，应研究利用已有的当地企业(或附近地区和其他专业部门经营的设施)为水利水电工程施工服务的可能性与合理性。

(3)建设工程所在地区，如果有国家批准的城镇建设规划，施工总体布置设计在满足工程施工需要和不增加(或增加很少)工程投资的前提下，尽可能结合城镇建设进行布置。

(4)主要施工设施和主要施工工厂及防洪标准应根据工程规模、工期长短、水文特性和损失大小，采用防御5~20年一遇的洪水，高于或低于上述标准要进行论证。

(5)施工场内交通规划，必须满足工程施工需要，适应施工程序、工艺流程；全面协调单项工程、施工企业、地区间交通运输的连接与配合；力求使交通联系简便，运输组织合理，节省工程投资，减少管理运营费用。

(6)施工总体布置设计，应紧凑合理，节约用地，并尽量利用荒地、滩地、坡地，不占或少占良田。

(7)统筹规划堆、弃渣场地，必须做好土石方量平衡设计，在不影响防洪的情况下，尽量利用山沟、荒地、河滩堆渣，并做必要的疏导、排水工程。做好水土保持方案，如有条件，可适当考虑利用弃渣改土造田或做他用。

(8)施工总体布置设计除应遵循本部门各有关专业规程规范外，还应参照执行各有关专业部门颁布的规程、规范和规定。

(9)凡属下列特殊类别地区，不经论证，不得布置施工设施：

①严重不良地质区域或滑坡体危害地区；

②受泥石流或雪崩危害地区；

③国家或地方政府保护的文物区、古迹、名胜区或自然保护区；

④与重要资源开发有干扰的地区；

⑤空气、水质、噪声等环境污染较严重地区；

⑥受爆破或其他因素影响严重的地区。

9.2.4 编制临时建筑物的项目清单

在充分掌握基本资料的基础上，根据施工条件和特点，结合类似工程经验或有关规定，编制临时建筑物的项目清单，并初步定出它们的服务对象、生产能力、主要设备、风水电等需要量及占地面积、建筑面积和布置的要求。

以混凝土工程为主体的枢纽工程，临建工程项目一般包括以下内容：

(1)混凝土系统(包括搅拌楼、净料堆场、水泥库、制冷楼)。

(2)砂石加工系统(包括破碎筛分厂、毛料堆场、净料堆场)。

(3)金属结构机电安装系统(包括金属结构加工厂、金属结构拼装场、钢管加工厂、钢管拼装场、制氧厂)。

(4)机械修配系统(包括机械修配厂、汽车修配厂、汽车停放保养场、船舶修配厂、机车修配厂)。

(5)综合加工系统(包括木材加工厂、钢筋加工厂、混凝土预制厂)。

(6)风、水、电、通信系统(包括空压站、水厂、变电站、通信总机房)。

(7)基础处理系统(包括基地、灌浆基地)。

(8)仓库系统(包括基地冲击钻机仓库、工区仓库、现场仓库、专业仓库)。

(9)交通运输系统(包括铁路场站、公路汽车站、码头港区、轮渡)。

(10)办公生活福利系统(办公房屋、单身宿舍、家属宿舍、公共福利房屋、招待所)。

9.2.5 场地区域规划

这是施工现场布置中最关键的一步。一般施工现场为了方便施工,利于管理,都将现场划分成主体工程施工区,辅助企业区,仓库、站、场、转运站,码头等储运中心,当地建筑材料开采区,机电金属结构和施工机械设备的停放修理场地,工程弃料堆放场,施工管理中心和主要施工分区,生活福利区等。各区域用场内公路沟通,在布置上相互联系,形成统一的、高度灵活的、运行方便的整体。

场地布置方式有集中布置、分散布置和混合布置三种方式,水利水电工程一般多采用混合布置。当区域规划时,应该着重解决施工现场布置中的重大原则问题,具体包括:

(1)施工场地是一岸布置还是两岸布置。

(2)施工场地是一个还是几个,如果有几个场地,哪一个是主要场地。

(3)施工场地怎样分区。

(4)临时建筑物和临时设施采取集中布置还是分散布置,哪些集中,哪些分散。

(5)施工现场内交通线路的布置和场内外交通的衔接及高程的分布等。

对于堤坝式水电站枢纽,由于永久建筑物布置比较集中,且坝址附近又有开阔地,可满足临时设施的布置要求时,常把临时设施集中布置。我国的新青铜峡、观音阁等工程就是这种布置形式。

若坝址施工现场位于高山峡谷地区、地形狭窄,可根据实际情况,进行具体布置:

①当地形较狭窄时,可沿河流一岸或两岸冲沟绵延布置,按临时建筑物及其设施对施工现场影响程序分类排队,对施工影响大的靠近坝址区布置,其他项目按对工程影响大小顺序逐渐远离布置,新安江、上犹江、柘溪等工程均采用了这种布置形式。

②当地形特别狭窄时,则可把与施工现场关系特别密切的设施(如混凝土生产系统)布置在坝址附近,而将其他一些施工辅助企业等布置在大坝较远的基地,这是典型的混合布置,如三门峡水库等。

对于引水式水电站或大型输水工程,常在取水口、中间段和厂房段设立施工场地,即形成“一条龙”的布置形式,又称分散布置。其缺点是施工管理不便、场内运输量大等。

在现场规划布置时,要特别注意场内运输干线的布置,如两岸交通联系的线路,砂石骨料运输线路,上、下游联系的过坝线路等。

9.2.6 交通规划

9.2.6.1 施工交通分类

施工交通包括对外交通和场内交通两部分。对外交通是指联系施工工地与国家公路或地方公路、铁路车站、水运港口及航空港之间的交通,一般应充分利用现有设施,选择较短的新建、改建里程,以减少对外交通工程量。场内交通是联系施工工地内部各工区、料场、堆料场及各生产、生活区之间的交通,一般应与对外交通衔接。

9.2.6.2 交通规划内容

在进行施工交通运输方案的设计时，主要解决的问题有：选定施工场内外的交通运输方式和场内外交通线路的连接方式；进行场内运输线路的平面布置和纵剖面设计；确定路基、路面标准及各种主要的建筑物（如桥涵、车站、码头等）的位置、规模和形式；提出运输工具和运输工程量、材料和劳动力的数量等。

（1）确定对外交通和场内交通的范围。对外交通方案应确保施工工地与国家或地方公路、铁路车站、水运港口之间的交通联系，具备完成施工期间外来物资运输任务的能力；场内交通方案应确保施工工地内部各工区、当地材料产地、堆渣场、各生产区、生活区之间的交通联系，主要道路与对外交通衔接。各分区间交通道路布置合理、运输方便可靠、能适应整个工程施工进度和工艺流程要求，尽量避免或减少反向运输和二次倒运。

（2）场外交通运输。方案的选择主要取决于工程所在地区的交通条件、施工期的总运输量及运输强度、最大运件重量和尺寸等因素。水利工程一般情况下应优先采用铁路和公路运输方案，对于水运条件发达的地区，应考虑水运方案为主，其他运输方式为辅。

（3）场内交通运输。场内交通运输的特点是物料品种多、运输量大、运距短；物料流向明确，车辆单项运输；运输不均衡；对运输保证性要求高；场内交通的临时性；个别情况允许降低标准；运输方式多样性。场内运输方式的选择，主要根据各运输方式自身的特点，场内物料运输量，运输距离对外运输方式、场地分区布置、地形条件和施工方法等。一般采用汽车运输为主，其他运输为辅的运输方式。

9.2.7 分区布置

9.2.7.1 施工辅助企业

水利水电工程施工的辅助企业主要包括砂石采料厂，混凝土生产系统，综合加工厂（混凝土预制构件厂、钢筋加工厂、木材加工厂等），机械修配厂，工地供风、供水系统等。一般应将加工厂集中布置在同一个地区，且多处于工地边缘。各种加工厂应与相应仓库或材料堆场布置在同一地区。污染较大的加工厂，如砂石加工厂、沥青加工厂和钢筋加工厂，应尽量远离生活区和办公区，并注意风向。

1. 砂石骨料加工厂

砂石骨料加工厂布置时，应尽量靠近料场，选择水源充足、运输及供电方便，有足够的堆料场地和便于排水清淤的地段，同时，若砂石料厂不止一处，可将加工厂布置在中心处，并考虑与混凝土生产系统的联系。

砂石骨料加工厂的占地面积和建筑面积与骨料的生产能力有关。

2. 混凝土生产系统

混凝土生产系统应尽量集中布置，并靠近混凝土工程量集中的地点，如坝体高度不大，混凝土生产系统高程可布置在坝体重心位置。

混凝土生产系统的面积可依据选择的拌和设备的型号、生产能力来确定。

3. 综合加工厂

综合加工厂尽量靠近主体工程施工现场，若有条件，可与混凝土生产系统一起布置。

1）钢筋加工厂

一般若需要的面积较大，最好布置在来料处，即靠近码头、车站等。占地面积和建筑面积，可查表 5-3 确定。

2）木材加工厂

应布置在铁路或公路专用线的近旁，又因其有防火的要求，则必须安排在空旷地带，且应在主要建筑物的下风向，以免发生火灾时蔓延。木材加工厂的占地面积和建筑面积，可查表5-3确定。

3）混凝土预制构件厂

其位置应布置在有足够大的场地和交通方便的地方，若服务对象主要为大坝主体，应尽量靠近大坝布置。其面积的确定，可参照表5-3。

4. 机械修配厂

应与汽车修配厂和保养厂统一设置，其位置一般选在平坦、宽阔、交通方便的地段，若采用分散布置，应分别靠近使用的机械、设备等地段。具体面积可参照表5-3选定。

表5-3　几种施工辅助企业的面积指标

木材加工厂				
生产规模/(m^3/班)	20	30	50	80
建筑面积/m^2	372	484	1 031	1 626
占地面积/m^2	5 000	7 390	12 200	19 500
钢筋加工厂				
生产规模/(t/班)	5	10	25	50
建筑面积/m^2	178	224	736	1 900
占地面积/m^2	800	1 200	4 100	111 200
混凝土构件预制厂(露天式)				
生产规模/(m^3/a)	5 000	10 000	20 000	30 000
建筑面积/m^2	200	320	620	800
占地面积/m^2	6 200	10 000	18 000	22 000
机械修配厂				
生产规模(机床台数)	10	20	40	60
锻造能力/(t/a)	60	120	250	350
铸造能力/(t/a)	70	150	350	500
建筑面积/m^2	545	1 040	2 018	2 917
占地面积/m^2	1 800	3 470	6 720	9 750

9.2.7.2　施工临时设施

1. 仓库

1）仓库的分类

工地仓库的主要功能是储存和供应工程施工所需的各种物资、器材和设备。根据它的用途和管理形式分为中心仓库（储存全工地统一调配使用的物料）、转运站仓库（储存待运的物资)、专用仓库(储存一种或特殊的材料)、工区分库(只储存本工区的物资的材料)、辅助企业分库(只储存本企业用的材料)等。

按照结构形式分为露天式仓库、棚式仓库和封闭式仓库等。

2)仓库的布置

仓库布置的具体要求是:服务对象单一的仓库、堆场,应靠近所服务的企业或施工地点。

(1)当采用铁路运输时,仓库通常沿铁路线布置,并且要留有足够的装卸前线;如果没有足够的装卸前线,必须在附近设置转运仓库。布置铁路沿线仓库时,应将仓库设置在靠近工地一侧,以免内部运输跨越铁路。同时,仓库不宜设置在弯道处或坡道上。

(2)当采用水路运输时,一般应在码头附近设置转运仓库,以缩短船只在码头上的停留时间。

(3)当采用公路运输时,仓库的布置较灵活,一般中心仓库布置在工地中央或靠近使用的地方,也可以布置在靠近外部交通连接处。砂石、水泥、石灰、木材等仓库或堆场宜布置在施工对象附近,以免二次搬运。一般,笨重设备应尽量放在车间附近,其他设备仓库可布置在其外围或其他空地上。

(4)炸药库应布置在僻静的位置,远离生活区;汽油库应布置在交通方便之处,且不得靠近其他仓库和生活设施,并注意避开多发的风向。

(5)中心仓库应布置在对外交通线路进入工区入口处附近。

(6)仓库的平面布置应尽量满足防火间距的要求。

3)仓库储存量的计算

仓库储存量的确定需根据施工条件、供应条件、运输条件等具体情况确定。对仓库储存量的要求既不能存储过多,造成积压浪费,又要满足工程施工的需要,且具有一定的存储量。另外,受季节影响的材料,应分析施工和生产的中断因素。水运时需考虑洪、枯水和严寒季节影响,材料的储存量可按下式计算:

$$q = \frac{Q}{n}tk \tag{5-1}$$

式中 q——需要材料储存量,t 或 m^3;

Q——一般高峰年材料总需要量,t 或 m^3;

n——年工作日数,d;

t——需要材料的储备天数,可参考表 5-4;

k——不均匀系数,可取 1.2~1.5。

4)仓库面积的计算

材料器材仓库的面积 W_1 计算公式如下:

$$W_1 = \frac{q}{pk_1} \tag{5-2}$$

式中 W_1——仓库面积,m^2;

q——材料储存量,t 或 m^3;

p——每平方米有效面积的材料储存量,t 或 m^3,可参照表 5-5;

k_1——仓库面积利用系数，可参照表 5-5。

施工设备仓库面积 W_2 的计算公式为：

$$W_2 = \frac{na}{k_2} \tag{5-3}$$

式中　W_2——仓库面积，m^2；

n——设备的台数，台；

a——每台设备占地面积，m^2/台，可参考表 5-6 选取；

k_2——面积利用系数，库内有行车时取 0.3，库内无行车时取 0.7。

表 5-4　各种材料储备天数参考

材料名称	储备天数/d	备注	材料名称	储备天数/d	备注
钢筋、钢材	120~180		电石、油漆、化工	20~30	
设备配件	180~270	根据同种配件的多少，还要乘以 0.5~1.0 修正系数	煤	30~90	
			电线、电缆	40~50	
水泥	7~15		钢丝绳	40~50	
炸药、雷管	60~90		地方房产建材材料	10~20	
油料	0~30		砂石骨料成品	10~20	
木材	30~90	在储放的木材，可按一年用量储备	混凝土预制品	10~15	
五金、材料	20~30		劳保、生活用品	30~40	
沥青、玻璃、油毡	20~30		土产杂品	30~40	

表 5-5　每平方米有效面积材料储存量及仓库面积利用系数

材料名称	单位	保管方法	堆高/m	每平方米面积堆置 p	储存方法	仓库面积利用系数 k_1	备注
水泥	t	堆垛	1.5~1.6	1.30~1.50	仓库、料棚	0.45~0.60	
水泥	t		2.0~3.0	2.50~4.00	封闭式料斗机械化	0.70	
圆钢	t	堆垛	1.2	3.10~4.20	料棚、露天	0.66	
方钢	t	堆垛	1.2	3.20~4.30	料棚、露天	0.68	
扁钢、角钢	t	堆垛	1.2	2.10~2.90	料棚、露天	0.45	
钢板	t	堆垛	1.0	4.00	料棚、露天	0.57	
工字钢、槽钢	t	堆垛	0.5	1.30~2.60	料棚、露天	0.32~0.54	
钢管	t	堆垛	1.2	0.80	料棚、露天	0.11	

续表 5-5

材料名称	单位	保管方法	堆高/m	每平方米面积堆置 p	储存方法	仓库面积利用系数 k_1	备注
铸铁管	t	堆垛	1.2	0.90~1.30	露天	0.38	
铜线	t	料架	2.2	1.30	仓库	0.11	
铝线	t	料架	2.2	0.40	仓库	0.11	
电线	t	料架	2.2	0.90	仓库、料架	0.35~0.40	
电缆	t	堆垛	1.4	0.40	仓库、料架	0.35~0.40	
盘条	t	叠放	1.0	1.30~1.50	棚式	0.50	
钉、螺栓铆钉	t	堆垛	2.0	2.50~3.50	仓库	0.60	
炸药	t	堆垛	1.5	0.66	仓库、料架	0.45~0.60	
电石	t	堆垛	1.2	0.90	仓库	0.35~0.40	
油脂	t	堆垛	1.2~1.8	0.45~0.80	仓库	0.35~0.40	
玻璃	箱	堆垛	0.8~1.5	6.00~10.00	仓库	0.45~0.60	
油毡		堆垛	1.0~1.5	15.00~22.00	仓库	0.35~0.45	
石油沥青	t	堆垛	2.0	2.20	仓库	0.50~0.60	
胶合板	张	堆垛	1.5	200.00~300.00	仓库	0.50	
石灰	t	堆垛	1.5	0.85	料棚	0.55	
五金	t	叠放、堆垛	2.2	1.50~2.00	仓库、料架	0.35~0.50	
水暖零件	t	堆垛	1.4	1.30	料棚、露天	0.15	
原木	m^3	叠放	2.0~3.0	1.30~2.00	露天	0.40~0.50	
锯材	m^3	叠放	2.0~3.0	1.20~1.80	露天	0.40~0.50	
混凝土管	m	叠放	1.5	0.30~0.40	露天	0.30~0.40	
卵石、砂、碎石	m^3	堆垛	5.0~6.0	3.00~4.00	露天	0.60~0.70	
卵石、砂、碎石	m^3	堆垛	1.5~2.5	1.50~2.00	露天	0.60~0.70	
毛石	m^3	堆垛	1.2	1.00	露天	0.60~0.70	
砖	块	堆垛	1.5	700.00	露天		
煤炭	t	堆垛	2.25	2.00	露天	0.60~0.70	
劳保	套	叠放		1.00	料架	0.30~0.35	

表5-6　施工机械停放场所需面积参考指标

施工机械名称	停放场地面积/(m^2/台)	存放方式
1. 起重机,土石方机械		
塔式起重机	200~300	露天
履带式起重机	100~125	露天
履带式正、反铲,拖式铲运机,轮胎式起重机	70~100	露天
推土机,拖拉机,压路机	25~35	露天
汽车式起重机,	20~30	露天或室内
门式起重机(10 t,60 t),	300~400	解体露天及室内
缆式起重机(10 t,20 t)	400~500	解体露天及室内
2. 运输机械类		
汽车(室内)、	20~30	一般情况下,室内不小于10%
汽车(室外),	46~60	
平板拖车	100~150	
3. 其他机械类 搅拌机、卷扬机、电焊机、电动机、水泵、空气压缩机、油泵等	4~6	一般情况下,室内占30%、室外占70%

5)仓库占地面积的估算

其估算公式为:

$$A = \sum wk_3 \tag{5-4}$$

式中　A——仓库占地面积,m^2;

w——仓库建筑面积或堆存场面积,m^2;

k_3——占地面积系数,可按表5-7选取。

表5-7　仓库占地面积系数(k_3)参考指标

仓库种类	k_3
物资总库、施工设备库	4
油库	6
机电仓库	8
炸药库	6
钢筋、钢材库、圆木堆场	3~4

2. 临时房屋

一般工地上的主要有行政管理用房(如指挥部、办公室等)、文化娱乐用房(如学校、俱乐部等)、居住用房(如职工宿舍等)、生活福利用房(如医院、商店、浴室等)等。

一般全工地性行政管理用房宜设在全工地入口处,以便对外联系;也可设在工地中间,便于全工地管理;工人用的福利设施应设置在工人较集中的地方,或工人必经之处;生活基地应设在场外,距工地500~1 000 m为宜;食堂可布置在工地内部或工地与生活区之间。应尽量避开危险品仓库和砂石加工厂等位置,以利安全和减少污染。

修建这些临时房屋时,必须注意既要满足实际需要,又要节约修建费用。具体应考虑以下问题:

(1)尽可能利用施工区附近城镇的居民和文化福利设施;

(2)尽可能利用拟建的永久性房屋;

(3)结合施工地区新建城镇的规划统一考虑;

(4)临时房屋宜采用装配式结构。

具体工地各类临时房屋需要量,取决于工程规模、工期长短、投资情况和工程所在地区的条件等因素。

9.2.7.3　内部运输道路布置

根据加工厂、仓库及各施工对象的相对位置,研究货物转运图,区分主要道路和次要道路。

(1)在规划临时道路时,应充分利用拟建的永久性道路,提前修建永久性道路或者先修路基和简易路面作为施工所需的道路,以达到节约投资的目的。

(2)道路应有两个以上进出口,道路末端应设置回车场;场内道路干线应采用环形布置,主要道路宜采用双车道,宽度不小于6 m;次要道路宜采用单车道,宽度不小于3.5 m。

(3)一般场外与省、市公路相连的干线,因其以后会成为永久性道路,因此一开始就建成高标准路面;场区内的干线和施工机械行驶路线,最好采用碎石级配路面,以利修补;场内支线一般为土路或砂石路。

9.2.8　风、水、电系统布置

临时水、电管网沿主要干道布置干管、主线;临时总变电站应设置在高压电引入处,不应放在工地中心;设置在工地中心或工地中心附近的临时发电设备,沿干道布置主线;施工现场供水管网有环状、枝状和混合式三种形式。

9.2.8.1　工地供风系统

工地供风主要供石方开挖、混凝土浇筑、水泥输送、灌浆等施工作业所需的压缩空气。一般采用的方式是集中供风和分散供风,压缩空气主要由固定式的空气压缩机站或移动的空气压缩机来供应。

一个供风系统主要由空气压缩机站和供风管道组成,空气压缩机站的供风量 Q_f 可以按照式(5-5)计算:

$$Q_f = k_1 k_2 k_3 \sum nqk_4 k_5 \tag{5-5}$$

式中　Q_f——供风需要量,m^3/min;

k_1——由于空气压缩机效率降低,以未预计到的少量用气所采用的系数,取1.05~1.10;

k_2——管网漏气系数，一般取1.10~1.30，管网长或铺设质量差时取大值；
k_3——高原修正系数，按表5-8选取；
n——同时工作的同类型风动机械台数；
q——每台风动机械用气量，m^3/min，一般采用风动机械定额气量；
k_4——各类风动机械同时工作系数，按表5-9选取；
k_5——风动机械磨操作修正系数，按有关规定选取。

表5-8　高原修正系数

海拔/m	0	305	610	914	1 219	1 524	1 829	2 134	2 433	2 743	3 049	3 653	4 572
高原修正系数	1.00	1.03	1.07	1.10	1.14	1.17	1.20	1.23	1.26	1.29	1.32	1.37	1.43

为了调节输气管网中的空气压力，清除空气中的水分和油污等，每台空气压缩机都需要设置储气罐，其容量可按式(5-6)估算：

$$V = a\sqrt{Q_f} \tag{5-6}$$

式中　V——储气罐的容量，m^3；
a——系数，对于固定式空气压缩机，生产率为10~40 m^3/min时，采用1.5，空气压缩机生产率为3~10 m^3/min时，采用0.9，对于移动式空气压缩机，采用0.4；
Q_f——供风需要量，m^3/min。

表5-9　凿岩机同时工作系数

凿岩机同时工作台数	1	2	3	4	5	6	7	8	9	10	11	12	20	30
k_4	1	0.90	0.90	0.85	0.82	0.80	0.78	0.75	0.73	0.71	0.68	0.61	0.59	0.50

空气压缩机(站)的位置，应尽量靠近用风量集中的地点，保证用风质量，同时，接近供电、供水系统，并要求有良好的地基，空气压缩机距离用风地点最好在700 m左右，最大不超过1 000 m。

供风管道采用树枝状布置，一般沿地表敷设，必要时可局部埋设或架空敷设(如穿越重要交通道路等)，管道坡度大致控制在0.1%~0.5%的顺坡。

9.2.8.2　工地供电系统

工地电力网，一般3~10 kV的高压线采用环状，380/220 V的低压线采用树枝状布置。工地上通常采用架空布置，距路面或建筑物不小于6 m。工地用电主要包括室内外交通照明用电和各种机械、动力设备用电等。在设计工地供电系统时，主要应该解决的问题是：确定用电地点和需电量、选择供电方式、进行供电系统的设计。

工地的供电方式常见的有：施工地区已有的国家电网供电、临时发电厂供电、移动式发电机供电等三种方式，其中国家电网供电的方式是最经济方便的，宜尽量选用。

工地的用电负荷，按不同的施工阶段分别计算。工地内的供电采用国家电网供电应先在工地附近设总变电所，将高压电降为中压电，在输送到用户附近时，先通过小型变压器(变电站)将中压降压为低压(380/220 V),然后输送到各用户;另在工地应有备用发电设施,以备国家电网停电时备用,其供电半径为300~700 m为宜。

施工现场供电网路中,变压器应设在所负担的用电负荷集中、用电量大的地方,同时,各变压器之间可作环状布置,供电线路一般呈树枝状布置,采用架空线等方式敷设,电杆间距为24~25 m,并尽量避免供电线路的二次拆迁。

9.2.8.3 工地供水系统

工地供水系统主要由取水工程、净水工程和输配水工程等组成,其任务在于经济合理地供给生产、生活和消防用水。在进行供水系统设计时,首先应考虑需水地点和需水量、水质要求,再选择水源,最后进行取水建筑物、净水建筑物和输水管网的设计等。

1. 生产用水量

生产用水量包括进行土石方工程、混凝土工程、灌浆工程施工所需的用水量,以及施工企业和动力设备等消耗的水量,计算方法如下:

$$Q_i = \frac{k_1 k_2 \sum (n_1 q_1)}{8 \times 3\ 600} \tag{5-7}$$

式中 Q_i——施工、机械及辅助企业生产水量,L/s;

k_1——生产用水不均衡系数,参考表5-10选用;

k_2——未计及的用水系数,取1.2;

n_1——某类机械同时工作生产能力;

q_1——单位用水定额,参照表5-11选用。

表5-10 用水不均衡系数

项目	类别	不均衡系数	项目	类别	不均衡系数
施工、生产用水	工程施工用水	1.50	生活用水	现场生活用水	1.30~1.50
	施工生产企业生产用水	1.25			
	施工机械运输机具用水	2.00		居住区生活用水	2.00~2.50
	动力设备用水	1.05~1.10			

表5-11 施工生产用水定额

用水户类别	单位	用水定额	备注
机械化石方施工	L/100 m^3	350~400	不包括机械清压气站用水
填筑砾石土	L/100 m^3	3 500~4 500	包括填筑碾压洒水等
填筑黏土	L/m^3	50	包括填筑碾压洒水等
填筑砂石	L/m^3	20	包括填筑碾压洒水等

续表 5-11

用水户类别	单位	用水量定额	备注
内燃发电机组	L/m³	380	
混凝土预制构件厂浇水养护	L/(hp·m³)	15~40	
混凝土预制构件厂蒸汽养护	L/m³	300~400	
机械加工件	L/m³	500~700	
拌石灰浆	L/t	1 000~5 000	
拌石灰砂浆	L/m³	1 000~1 200	
拌水泥浆	L/m³	600~1 000	
内燃挖掘机	L/(m³·台班)	200~300	以斗容 m³ 计
内燃起重机	L/(t·台班)	15~18	以起重量 t 计
拖拉机推土机	L/(台·昼夜)	300~600	
内燃压路机	L/(t·台班)	12~15	以机重 t 计
凿岩机	L/(min·台)	3~8	01~30 型、01~33 型
轻型汽车	L/(辆·昼夜)	300~400	
砖砌体	L/100 块	200~300	
毛石砌体	L/m³	50~80	
抹灰	L/m³	30	
预制件养护	L/(s·处)	5~10	自制预制件

2. 生活用水量

生活用水量主要是指生活区和现场生活用水。其计算公式为:

$$Q_2 = \frac{k_2 k_4 n_3 q_3}{24 \times 3\ 600} + \frac{k'_2 k_4 n'_3 q'_3}{8 \times 3\ 600} \quad (5\text{-}8)$$

式中 Q_2——生活用水量,L/s;

k_2——日生活用水不均衡系数,见表 5-10;

k_4——未计及的用水系数,取 1.1;

n_3——施工高峰期,工地居住最多人数(包括固定、流动性职工及家属);

q_3——每人每天用水量定额,参照表 5-12 选取;

k'_2——现场生活用水不均衡系数,见表 5-10;

n'_3——在同一班内,现场和施工企业内工作的最多人数;

q'_3——每人每班在现场的生活用水量定额,见表 5-12。

表 5-12 生活用水量定额

用水项目	单位	用水量定额
生活用水	L/(人·d)	100~200
食堂用水	L/(人·d)	15~20
浴室用水	L/(人·次)	50~60
道路绿化洒水	L/(人·d)	20~30
现场生活用水	L/(人·班)	10~20
现场淋浴用水	L/(人·班)	25~30
现场道路洒水	L/(人·班)	10~15

3. 消防用水量

根据工程防火要求，应设立消防站。一般设置在易燃物(木材、仓库、油库、炸药库等)附近，并须有通畅的出口和消防车道，其宽度不宜小于 6 m；沿道路布置消防栓时，其间距不得大于 100 m，消防栓到路边的距离不得大于 2 m。消防用水包括施工现场的消防用水和居住区的消防用水，施工现场的消防用水量与工地范围有关，而居住区的消防用水量由居住区人数来确定，具体消防用水可查表 5-13 选取。

表 5-13 消防用水定额

用水项目	按火灾同时发生次数计/次	耗水量/t	用水项目	按火灾同时发生次数计/次	耗水量/t
居住区消防用水			施工现场消防用水		
5 000 人以上	1	10	现场面积在 25 hm^2 以内	2	10~15
10 000 人以上	2	10~15	每增加 25 hm^2 递增		5
25 000 人以上	2	15~20			

4. 工地现场的总需水量

工地现场的总需水量应满足不同时期高峰生产用水和生活用水的需要，并按消防用水量进行校核，其计算可按以下两式进行。

$$Q_0 = Q_1 + Q_2 \tag{5-9}$$

$$Q_0 = \frac{1}{2}(Q_1 + Q_2) + Q_3 \tag{5-10}$$

式中 Q_0——工地现场的总需水量，L/s；

Q_1——生产用水量，L/s；

Q_2——生活用水量，L/s；

Q_3——消防用水量,L/s;

其余符号意义同前。

总需水量 Q_0 选取上两式计算结果的最大值,并考虑不可避免的管网漏水损失,应将总需水 Q_0 增加10%。

供水系统的水源一般根据实际情况确定,但生产、生活用水必须考虑水质的要求,尤其是饮用水源,应尽量取地下水为宜。

布置用水系统时,应充分考虑工地范围的大小,可布置成一个或几个供水系统。供水系统一般由供水站、管道和水塔等组成。水塔的位置应设有用水中心处,高程按供水管网所需的取大水头计算。供水管道一般用树枝状布置,水管的材料根据管内压力大小分为铸铁和钢管两种。

工地供水系统所用水泵,一般每台流量为10~30 L/s,扬程应比最高用水点和水源的高差高出10~15 m。水泵应有一定的备用台数,同一泵站的水泵型号尽可能统一。

9.2.9　施工总体布置的优化及设计成果

施工临时设施的平面布置和竖向布置完成后,先对施工总体布置进行协调修正,检查施工临时设施和主体工程施工之间、各临时建筑物之间是否协调,有无干扰矛盾,生产和施工工艺之间的配合如何,能否满足保安、防火和卫生的要求,再对不协调的布置进行调整。最后编制与总布置有关的技术经济指标图表,完成施工总体布置设计。

施工总平面布置图应根据设计资料和设计原则,结合工程所在地的实际情况,先编制出几个可能方案进行比较,然后选择较好的布置方案。

9.2.9.1　施工总体布置方案比较指标

(1)交通道路的主要技术指标包括工程质量、造价指标、运输费及运输设备需用量。

(2)各方案土石方平衡计算成果及弃渣场规划。

(3)风、水、电系统各方案管线布置的主要工程量、材料和设备等。

(4)生产、生活福利设施的建筑物面积和占地面积。

(5)有关施工征地移民的各种指标。

(6)施工工厂设施的土建、安装工程量。

(7)站场、码头和仓库装卸设备需要量。

(8)其他临建工程量。

9.2.9.2　施工总体布置方案比较定性分析内容

(1)布置方案能否充分发挥施工工厂的生产能力。

(2)满足施工总进度和施工强度的要求。

(3)施工设施、站场、临时建筑物的协调和干扰情况。

(4)施工分区的合理性。

(5)研究当地现有企业为工程施工服务的可能性和合理性。

9.2.9.3　施工总体布置设计成果

(1)文字说明。

(2)施工总体布置图,比例尺1:2 000~1:10 000。

(3)施工对外交通图。

(4)居住小区规划图,比例尺 1∶500~1∶1 000。

(5)施工征地范围规划图和施工用地面积一览表。

(6)施工用地分期征用示意图。

【案例】 砂石料生产系统布置案例。

某抽水蓄能电站垫层料加工系统主要生产垫层料、反滤料和级配砂。系统采用粗碎、中细碎和超细碎三段破碎,垫层料采用中碎后的半成品料与垫层砂掺拌而成。第一层反滤料采用粒径 5~20 mm 料和反滤料砂掺拌拌制;第二层反滤料采用粒径 5~80 mm 料与粒径 5~20 mm 料拌制。系统处理能力为 400 t/h,生产能力为 320 t/h。系统分三个台阶,碎石原料卸料平台布置在高程 140.00 m,粗碎及中细碎车间布置在高程 132.00 m,其他车间、料堆场等布置在高程 120.00 m。粗碎车间配置 2 台 PE870×1 060 颚式破碎机,中细碎车间配置 2 台 CH1600 重锤反击式破碎机,超细碎车间配置 2 台 PCX1818 反击高效制砂机。设置 5 d 用量的成品料堆场,其系统布置见图 5-2。

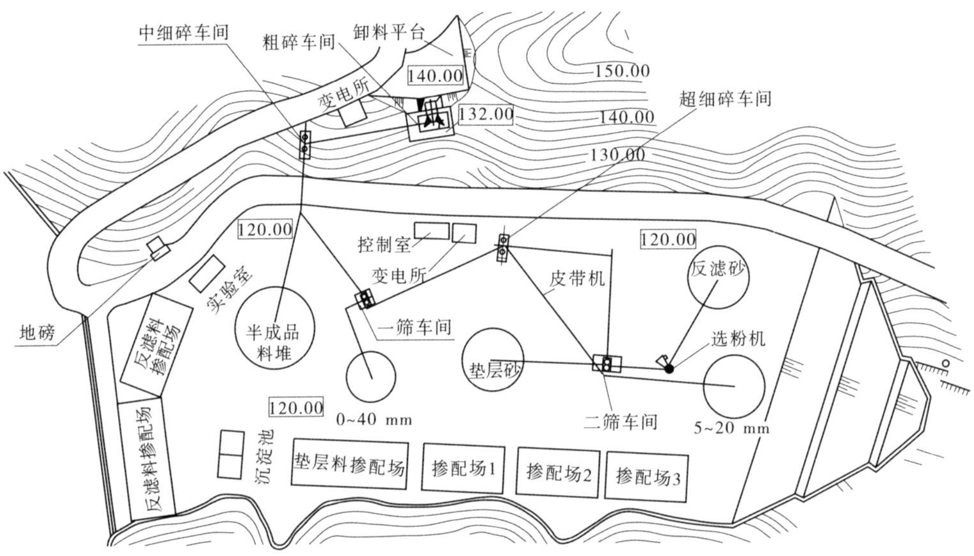

图 5-2　某抽水蓄能电站垫层料加工系统布置　(单位:m)

工作任务6 编制初步设计概算文件实例

1　工作任务

DL水库初步设计报告如下，完成初步设计报告文件中初步设计概算部分（因篇幅有限，本书仅摘录DL水库初步设计报告中施工组织设计、工种设计概算）。

河南省××市××县DL水库

初步设计报告

河南省××勘测设计院

二〇二二年一月

1.1 施工组织设计

1.1.1 施工条件

1.1.1.1 工程条件

DL 水库位于××县××镇，有省级公路通到大坝附近位置，对外交通相对便利。

目前水库水质符合地表水Ⅲ类水质标准，能满足施工用水要求，安全可靠，施工用水可直接由水库抽取，视其用水量设置蓄水池，供给比较方便；施工用电功率较大，距水库最近的变电站为该镇变电站，需要从该站架设施工线路，保证施工的顺利进行，并考虑一定比例的自发用电，做到常用电源、备用电源（水库管理、防汛用电）与临时用电（施工用电）合理安排。

1.1.1.2 建筑材料

水库所用材料主要有黏土、砂料、石料、水泥、钢材等。

土料场选在溢洪道左侧 1 000 m 处，该料场长 500 m、宽 300 m，面积 150 000 m^2，有用土层厚 3.5 m，储量约 20 万 m^3，交通便利，用人工或机械开采均可，运距约 0.5 km。砂料拟采用外购，砂料岩性为砾砂，开采条件较好，场地开阔，有县乡公路通往料场，储量约 4.0 万 m^3，运距约 10.0 km，交通便利。石料拟采用外购，选用××镇××村石料场，岩性为花岗岩，岩石呈弱—微风化状，储量约 20.0 万 m^3，运距约 15 km。料场有乡间道路通往，运输条件较好。

1.1.1.3 自然条件

DL 水库地处北亚热带北部边缘，位于××盆地温暖半湿润地区的东北部，属于北亚热带季风型大陆性气候，气候温和，雨量适中，光照充足，小气候明显，季风进退与四季替换较为明显，多年平均气温 15.0 ℃，极端最高气温 41.3 ℃（发生在 1966 年），极端最低气温 −16 ℃（发生在 1969 年），年平均活动积温（≥10 ℃）4 775.6 ℃，年平均日照时数为 2 147.6 h，多年平均无霜期为 221 d。

流域内多年平均降雨量为 1 163 mm，其分布情况为由东至西、由北到南呈递减趋势。降雨年内年际分布不均，汛期降水量（7~9 月）占全年降雨量的 80%以上。

1.1.2 施工导流

本次大部分工程在库水位降低的情况下施工，不存在施工导流问题，输水洞工程需要考虑施工导流。根据《水利水电工程施工组织设计规范》（SL 303—2017）的要求，DL 水库工程施工期设计洪水按非汛期 5 年一遇洪水设计，设计洪峰流量为 1.5 m^3/s，设计洪水总量为 1.6 万 m^3。施工进度设计原则是尽量保证一年空库运行。所有工程项目应在汛期前结束或具备过水条件。

输水洞工程需根据工程施工的需要修筑施工围堰。施工围堰底部高程最低处 140.8 m，最高处 141.9 m，围堰临施工面用编织袋填黏土进行填筑，厚 0.5 m，顶宽 1.5 m，边坡 1∶2，同时要加强基坑排水。开始施工时利用输水洞把库水位降低到原死水位，同时修筑施工围堰至设计高程。水库水位在 140.80~141.90 m 有库容 2.2 万 m^3，一次洪水可蓄在库中，同时加强基坑内排水，保证施工需要。当输水洞进口基础及洞身加固完成以后，可利用输水洞进行施工导流，满足工程施工的需要。

上游坡维修加固处理均安排于非汛期水位较低时施工。

1.1.3　主体工程施工

DL 水库除险加固工程计划 20 个月完成，先进行坝基坝肩、混凝土齿墙、输水洞工程和溢洪道工程及坝基防渗施工，后进行上游坝坡翻修，下游坝坡排水设施、坝顶处理及防汛道路、观测管理设施，水土保持及环境保护等剩余所有工程。

1.1.3.1　土方工程

大坝覆盖层开挖：2 m^3 挖掘机挖Ⅲ类土装 20 t 自卸汽车运 1 km 至弃渣场。

1.1.3.2　石方工程

1. 挡水工程石方开挖

石方明挖：150 型潜孔钻爆Ⅺ级岩石，孔深>9 m，4 m^3 挖掘机装 32 t 自卸汽车运 3 km。

石方洞挖：采用三臂液压凿岩台车钻挖Ⅺ级岩石，断面 120 m^2，轴流通风机工作面长 1 000 m，3 m^3 装载机装 20 t 自卸汽车洞内运 1 km，洞外运 3 km。

2. 引水工程石方开挖

石方洞挖：75%三臂液压凿岩台车钻挖Ⅺ～Ⅻ级岩石，开挖断面 60 m^2，轴流通风机工作面长 1 000 m；25%由风钻钻挖，开挖断面 60 m^2，导线使用导电线，雷管使用电雷管；均用 3 m^3 装载机装 20 t 自卸汽车运输，洞内运距 1 km，洞外运距 3 km。

石方明挖：50%为 150 型潜孔钻挖Ⅺ～Ⅻ级岩石，孔深>9 m；另 50%为风钻钻孔挖同级岩石，钻孔导线使用导电线，雷管使用电雷管；均用 4 m^3 挖掘机装 32 t 自卸汽车运 3 km。

1.1.3.3　土石填筑工程

坝体填筑：(1)土料场覆盖层清除（Ⅱ类土）1 万 m^3，采用 88 kW 推土机推运 30 m。

(2)土料开采运输采用 1 m^3 挖掘机装Ⅲ类土，10 t 自卸汽车运 6.0 km 上坝填筑。

(3)土料压实：74 kW 履带式拖拉机、8～12 t 羊足碾压实，天然干重度 14.8 kN/m^3，设计干重度 17 kN/m^3。

浆砌石：M15 浆砌块石平面护坡。

1.1.3.4　混凝土工程

坝体混凝土工程（C20、水泥强度 42.5、三级配、M30 砂浆）：2×1.5 m^3 混凝土搅拌楼拌制，8 t 自卸汽车运输 1 km，浇筑采用机械化施工，浇筑层厚 2～3 m，非碾压混凝土。

输水洞混凝土衬砌（C20、水泥强度 32.5、二级配）：混凝土泵浇筑，衬砌厚度 90 cm。

挡水工程：隧洞（平洞）混凝土衬砌开挖断面>100 m^2，3 m^3 搅拌车洞内运 0.5 km，洞外运 0.5 km，混凝土拌和楼 2×1.5 m^3。

引水工程：隧洞（平洞）混凝土衬砌开挖断面 30～100 m^2，3 m^3 搅拌车洞内运 0.5 km，洞外运 0.5 km，混凝土拌和楼 2×1.5 m^3。

止水：橡胶止水。

防水层：麻布沥青二布二油。

伸缩缝：沥青油毛毡三毡四油。

1.1.3.5 溢洪道工程

溢洪道施工包括溢洪道开挖衬砌及其边坡挡土墙的砌筑等,各个工程项目可独立进行,互不干扰,可同时进行施工。

1. 土石方开挖

溢洪道工程主要工程量是基础土方开挖、底板混凝土和边墙浆砌石工程,其中土石方开挖主要为溢洪道基础开挖和削坡工程等。土方开挖采用 1 m^3 挖掘机配 8 t 自卸汽车运输,开挖以后的土料,主要用大坝的加高和边墙后的土方回填,多余部分运输到弃料场堆放。开挖过程中要保证基础、基面的完整性。

2. 底板混凝土浇筑

溢洪道控制段和泄槽段底板均为混凝土工程,混凝土应按设计要求的配合比严格控制材料配比量。混凝土衬砌应严格按照《水工混凝土施工规范》(SL 677—2014)、《水工混凝土试验规程》(DL/T 5150—2017)要求施工。溢洪道混凝土施工采用 0.4 m^3 拌和机拌制混凝土,1 t 的机动翻斗车水平运输 250 m。混凝土的拌和时间应根据坍落度试验确定,一般不宜少于 1.5 min。根据经验,从拌成到开始浇筑,以不超过 45 min 为宜,超过者作为废料处理。混凝土的入仓温度一般控制在 4~25 ℃,夏季施工当外界气温超过 30 ℃时,要求混凝土出仓温度为 25 ℃以下,如气温太高,可避开高温时段再行浇筑。冬季施工当气温低于-10 ℃时应停止浇筑,必须浇筑时,要有保温防冻措施,以防混凝土出现裂缝。混凝土浇筑时如遇降雨,当雨量超过 5 mm/h 又无防雨措施时,要立即停止浇筑。

混凝土浇筑施工时,先做 10 cm C10 混凝土垫层,然后进行混凝土浇筑,混凝土采用 1.1~1.5 kW 插入式振捣器振实。施工过程应严格按操作规程进行,以防出现麻面、蜂窝、空洞、裂缝等,造成返工。

混凝土的养护工作是保证其质量和强度达到设计要求的重要保证措施。混凝土养护要符合规范规定。混凝土工程一般应在其强度达到设计强度的 70%,保证其表面及棱角不会因拆模而破坏时才能拆模。

3. 边墙砌筑

溢洪道边墙为 M7.5 浆砌石,采用坐浆砌筑的方法,要求块石粒径不小于 25 cm,块石表面干净、无杂物。对于土质地基,砌筑前应先将地基夯实,并在地基面上铺一层 3~5 cm 厚的稠砂浆,然后安放石块;对于岩石地基,铺筑前应先洒水湿润,将表面冲洗干净。砌筑时应保证坐浆饱满,填捣密实,表面平整。工程完工后,须经常洒水养护,在砌体未达到设计强度的 70%时,不得回填土料等。

1.1.3.6 模板工程

挡水工程中模板采用圆形隧洞衬砌钢模板,隧洞直径 6~10 m,包含制作及安装、拆除。

引水工程中模板采用圆形隧洞衬砌钢模板,隧洞直径≤6 m,包含制作及安装、拆除。

1.1.3.7 钻孔灌浆及锚固工程

喷混凝土:地面护坡,有钢筋,喷浆厚 10~15 cm。

基础固结灌浆:透水率 4~6 Lu。

帷幕灌浆:150 型钻机钻Ⅺ~Ⅻ级岩石,自下而上灌浆,三排灌浆,透水率 4~6 Lu,地质钻机钻孔时，钻孔与水平夹角为90°，在廊道内施工，廊道高2.0 m，孔深20 m。

隧洞固结灌浆：Ⅺ～Ⅻ级岩石，风钻钻孔，水泥42.5，中低压泥浆泵，透水率4～6 Lu，隧洞高10 m。

排水孔：风钻钻孔，Ⅺ～Ⅻ级岩石，地质钻机钻孔时，钻孔与水平夹角为90°，在廊道内施工，廊道高2.0 m，孔深20 m。

锚杆：地面砂浆锚杆，采用风钻钻Ⅺ～Ⅻ级岩石，ϕ25，L=5 m，砂浆M15。

1.1.3.8　其他工程

1. 铺设土工布工艺要求

土工布在安装展开前要避免受到损坏。土工布应该堆放于经平整不积水的地方，堆高不超过4卷的高度，并能看到卷的识别片。土工布必须用不透明材料覆盖，以防紫外线老化。在储存过程中，要保持标签的完整和资料的完整。在运输过程中，土工布必须避免受到损坏，受到物理损坏的土工布必须要修复。受严重磨损的土工布不能使用。任何接触到泄漏化学试剂的土工布，不允许使用在本工程上。

2. 土工布的铺设

土工布按照以下施工工序施工：准备工作→铺设→拼接→质量检查→回填。

铺设前先按设计断面进行削坡处理，清除坡面石块等尖突物，然后适当洒水，并用拍板或滚筒压实整平。斜坡土工布从上至下铺设。铺设时注意土工布张弛适度，避免应力集中和人为损伤。要求土工布与接触面吻合平整，防止土工布有折皱现象。土工布铺设后，随即进行护坡施工，以免应力集中和人为造成土工膜的损伤。

1.1.3.9　机电设备及安装工程

水轮机(25 t)：横轴混流式水轮机。主要工作内容：①横轴混流式水轮机主件埋设件和本体安装；②横轴混流式水轮机配套供应的管路和部件安装；③透平油过滤、油化验和注油；④横轴混流式水轮机与水轮发电机的连轴调整。

发电机(48 t)：竖轴水轮发电机。主要工作内容：①基础埋设；②竖轴水轮发电机主机和辅机安装；③竖轴水轮发电机配套供应的管路和部件安装；④磁极、转子、定子等干燥工作；⑤竖轴水轮发电机与水轮机连轴前后的检查调整；⑥电气调整、试验。

发电机(16 t)：贯流式水轮发电机。主要工作内容：①基础埋设；②贯流式水轮发电机主机和辅机安装；③贯流式水轮发电机配套供应的管路和部件安装；④磁极、转子、定子等干燥工作；⑤贯流式水轮发电机与水轮机连轴前后的检查调整；⑥电气调整、试验。

变压器：三相卷电力变压器220 kV，容量45 000 kVA 。主要工作内容：①变压器本体及附件安装；②变压器干燥；③变压器油过滤、油化验和注油；④系统电气调整、试验。

1.1.3.10　金属结构设备及安装工程

闸门：平板焊接闸门，闸门自重20 t。门座式起重机MQ540/30型10～30 t。主要工作内容：①闸门拼装焊接、焊缝透视检查及处理；②闸门主要行走支承装置安装；③止水装置安装；④侧反支承行走轮安装；⑤闸门在门槽内组合连接；⑥闸门吊杆及其附件安装；⑦闸门锁锭安装；⑧闸门吊装试验。

启闭机：卷扬式启闭机，自重15 t。主要工作内容：①基础埋设；②设备本体及附件安装；③电气设备安装和调整；④与闸门连接及启闭试验。

1.1.4 施工交通运输

1.1.4.1 对外交通运输

DL 水库所处位置交通便利，水库与××镇交通畅通，施工中所需物料及机械设备等均可运至工地并通过施工道路运至施工现场。

1.1.4.2 场内交通运输

由于本工程生产区内没有交通道路，需要从溢洪道进口和出口重新修筑临时施工道路，以满足大坝、溢洪道等工程项目的临时交通运输要求。

本工程共需修整场内临时道路 0.8 km。

1.1.4.3 混凝土拌和系统

本工程混凝土强度等级分别为 C20 和 C25，根据料场位置、对外交通及施工方法等因素，将混凝土拌和系统设置在溢洪道进口右侧地势开阔平坦地带，并设临时砂石料堆放场，料场设置要满足可储存 3~4 d 的材料用量，水泥搭建临时工棚放置。

凡不设砂石堆放场及水泥库的拌和站，均根据需要临时运输，并确保供应，混凝土所用砂、石料全部购进，搅拌后制成混凝土，由翻斗车运至施工点浇筑。

1.1.4.4 机械修配及综合加工系统

施工期间所需主要机械有土方挖装、运输、混凝土拌制机械等，加工材料有钢材、木材、混凝土预制构件等。

主要设备、机械的日常保养等，一般在现场进行，重大机械故障到县城维修。钢筋、木材等综合加工厂，设在管理所旁边的空地上，主要进行钢筋拉直、切割等工作，可露天作业，金属结构主要部分可在厂家焊接制作，木材加工可在院旁搭建临时施工房屋，存放加工设备及原料和成品料。施工现场设机械临时停放场 200 m^2。

1.1.4.5 施工供水、供电及通信

1. 供水

本工程在左右两岸分别设置供水系统，根据施工用水量布设提水设备，由水泵从水库抽水。水库水质良好，可供混凝土及其他工程直接使用。生活用水与管理所用同一水源。

2. 供电

施工电源可由××村直接接入。同时工地准备一套 30 kW 发电机组，保证一般工程项目的正常施工。

3. 通信设备

施工通信系统应符合迅速、准确、安全、方便的原则，按照此原则，采用移动通信。

1.1.5 施工总布置

1.1.5.1 规划原则

施工总布置遵循“因地制宜，因时制宜，有利生产，方便生活，易于管理，安全可靠，经济合理”的原则，统筹规划，合理布置，妥善处理施工场地内外关系，为确保工程质量、加快工程进度、提高经济效益创造良好条件。

该工程施工项目多、部位集中、施工干扰大，因此要合理安排施工期和项目施工顺序，有效地利用施工道路和场地，并同附近村镇及有关单位搞好协调工作，以确保施工的顺利进行。

1.1.5.2　分区规划

本工程主要有三大部分:大坝、输水洞和溢洪道,三者生产区紧邻一起,施工时有一定的干扰,通过适当安排可满足工程施工。

根据以上规划原则,分区规划布置如下:办公生活区设在水库管理所及其旁边的空地上搭建的临时施工房屋;水泥等物料仓库、砂石料场及混凝土拌和站就近设在溢洪道交通公路以南的空地内;其他材料加工厂、钢筋加工厂等可设在工程所在区旁边的空场地内;风、水、电等系统可根据工程分散位置不同,设置相应的集中供应系统。弃渣料部分利用在加高坝体上,多余部分全部堆放于弃料场。

临时房屋规划见下表。

临时房屋规划

序号	建筑物名称	建筑物面积/m^2	备注
一	生产用房	570	
1	水泥仓库	100	
2	钢筋钢材仓库	100	
3	设备器材综合仓库	100	
4	钢筋加工厂	150	
5	木材加工厂	100	
6	工地发电配电房	20	
二	办公生活用房	100	
1	生活用房	50	结合管理所永久用房
2	建设单位用房	50	

1.1.5.3　施工布置

根据施工场地布置原则,同时考虑本工程的设计内容,除无条件外,所有施工场地应尽量布置在水库大坝附近。具体布置见施工总体布置图。

1.1.6　施工总进度

工程建设全过程包括工程筹建期、工程准备期、主体工程施工期和工程完建期四个阶段,总工期不包括工程筹建期,由后三个阶段组成。

工程安排在第一年11月开始,至第三年5月全部完成,历时7个月。具体安排如下:

(1)工程筹建期:工期1个月,不计入总工期,主要完成招标等工作。工程筹建期安排第一年的9~10月进行。

(2)工程准备期:工期 1 个月,主要完成施工交通道路建设(包括防汛道路)、场地平整、施工单位生产生活用房建设、施工工厂建设等工作,建设完成生活区、各生产施工区等处的风、水、电、通信系统,为主体工程顺利进行施工创造条件。施工准备期安排第一年的 11 月进行。

(3)主体工程施工期:第一年 12 月至第三年 3 月,完成大坝防渗工程、上下游面工程及输水洞工程施工;同时在第二年 8 月至第三年 2 月,完成溢洪道施工;第三年 3 月,完成水库管理房建设及大坝观测设施建设;第三年 3~4 月,完成坝顶改造等工程施工。

(4)工程完建期:主要完成场地的清理及竣工验收工作,工期安排在第三年 5 月完成。

1.1.7 主要技术供应

1.1.7.1 主要建筑材料

施工中的技术供应工作是保证工程施工顺利进行的关键,是施工总进度的基础保障,必须根据技术要求及施工进度计划,做好技术供应工作。工程所需的主要建筑材料应及早编列计划上报,由主管部门或市场调剂供应,做到及时落实。

1.1.7.2 主要施工机械设备

本工程施工期不长且施工场地开阔,适宜于机械化施工,因此本工程必须保证施工所需的常用及特殊机械或设备及时到位,不影响工程的顺利实施及施工质量。施工过程中遇到技术难题应及时向监理、设计等有关单位反馈信息,保证施工顺利进行。

1.2 工种设计概算

1.2.1 编制说明

1.2.1.1 工程概况

DL 水库位于××县××镇,是淮河流域支流上的水库。该水库于 2020 年 3 月开工,2022 年 11 月竣工,水库坝址以上控制流域面积 9.68 km^2,主干流长度为 1.72 km,河道平均比降 0.019。防洪标准按 20 年一遇设计、200 年一遇校核,大坝全长 1 000 m,坝顶高程 146.60 m,坝顶宽 6 m,最大坝高 35 m,校核洪水位 145.86 m,水库总库容 38.0 万 m^3;设计洪水位 145.17 m,相应库容 30.0 万 m^3;兴利水位 143.50 m,相应库容 15.5 万 m^3;死水位 141.15 m,死库容 2.8 万 m^3。大坝迎水坡坡度 1:2.25,背水坡坡度 1:2.25,是一座以防洪为主,兼顾灌溉、水产养殖等综合利用的水库。

1.2.1.2 编制依据及采用定额

(1)国家及省、自治区、直辖市颁发的有关法律法规、制度、规程;

(2)《水利工程设计概(估)算编制规定》(水利部水总〔2014〕429 号);

(3)初步设计文件及图纸;

(4)《水利工程营业税改征增值税计价依据调整办法》(办水总〔2016〕132 号);

(5)《水利建筑工程概算定额》;

(6)《水利工程施工机械台时费定额》;

(7)《水利工程概预算补充定额》;

(8)《水利水电设备安装工程概算定额》。

1.2.1.3　基础单价

1. 人工预算单价

人工工时预算单价为:工长 11.55 元/工时、高级工 10.67 元/工时、中级工 8.9 元/工时、初级工 6.13 元/工时。

2. 风、水、电及砂石料单价

1)施工用电

工程施工用电只有一个供电点。该供电点中国家电网供电 98%、自发电 2%,国家电网供电基本单价(已包含电网单价、电力建设基金及各种按有关规定的加价)为 0.663 元/(kW·h),高压输电线路损耗率为 4%;发电机出力系数 K_1 取 0.80;厂用电率 K_2 取 5%;变配电设备及配电线路损耗率 K_3 取 6%;供电设施维修摊销费为 0.04 元/(kW·h);自发电采用一台移动式 40 kW 柴油发电机发电,采用循环冷却水,不用水泵,单位循环冷却水费为 0.05 元/(kW·h)。

2)施工供水

施工用水设一个取水点供水,由 4 台单级 22 kW 离水水泵供水,水泵额定流量为 155 m^3/组时,水泵能量利用系数 K 取 0.8,供水损耗率 8%,供水设施维修摊销费取 0.05 元/m^3。

3)施工供风(循环水冷却)

工程供风系统所配备的空气压缩机数量及主要技术指标、台时单价如下表所示。能量利用系数 K_1 取 0.80,供风损耗率取 9%,单位循环冷却水摊销费为 0.05 元/m^3,供风设施维修摊销费取 0.004 元/m^3。

供风系统主要技术指标

空气压缩机名称	额定容量/(m^3/min)	数量/台	额定容量之和/(m^3/min)
空气压缩机　电动 移动式 3.0 m^3/min	40	1	40

4)砂石料单价

中砂　　125 元/m^3

粗砂　　143 元/m^3

碎石　　110 元/m^3

块石　　135 元/m^3

3. 主要材料预算价格

1)材料原价

主要材料采用工程所在地就近的厂家出厂价或交易市场批发价,另计运杂费、运输保险费、采购及保管费等。材料原价如下:

汽油	7.35 元/kg
柴油	5.96 元/kg
水泥(32.5)	336 元/t
钢筋	4 150 元/t
炸药	4 600 元/t

2)主要材料运杂费、运输保险费、采购及保管费

(1)运杂费。

材料运输均只考虑汽车运输,运距和运费如下:

钢材:运距 150 km,运输费用 0.8 元/(t·km),装卸费 10 元/t。

水泥(42.5):由工地附近甲、乙两个水泥厂供应。两厂水泥供应的基本资料如下:甲厂强度等级 42.5 散装水泥出厂价 290 元/t;乙厂强度等级 42.5 水泥出厂价,袋装 330 元/t,散装 300 元/t。甲厂水泥为车上交货,袋装水泥汽车运价 0.50 元/(t·km),散装水泥在袋装水泥运价基础上,上浮 20%;袋装水泥装车费为 6.00 元/t,卸车费为 5.00 元/t,散装水泥装车费为 5.00 元/t,卸车费为 4.00 元/t。其运输路径如下图所示,均为公路运输;运输保险费费率为 1‰。

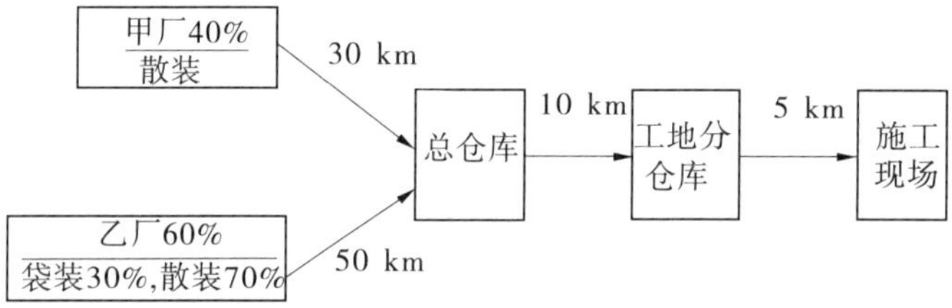

材料运输路径

木材:运输费用 1.5 元/(m^3·km),运距 150 km,装卸费 20 元/m^3。

汽油、柴油:运输费用 1.2 元/(t·km),运距 150 km,不计装卸费。

炸药:运输费用 1.5 元/(t·km),运距 120 km,装卸费 20 元/t。

(2)运输保险费。

木材、汽油、柴油、炸药、钢材运输保险费费率按 1%计取。

水泥(42.5、32.5)运输保险费费率按 1‰计取。

(3)采购及保管费。

采购及保管费按办水总〔2016〕132 号水利部《水利工程营业税改征增值税计价依据调整办法》中规定计取。

4. 工程单价费用标准

1)其他直接费费率

建筑工程按直接费的7%、安装工程按直接费的7.7%计算。

2)间接费费率

间接费费率可从下表中查找。

间接费费率

序号	工程类别	计算基础	间接费费率/%		
			枢纽工程	饮水工程	河道工程
一	建筑工程				
1	土方工程	直接费	8.50	5.00~6.00	5.00~6.00
2	石方工程	直接费	12.50	10.50~11.50	5.0~6.0
3	砂石备料工程(自采)	直接费	5.00	5.00	5.00
4	模板工程	直接费	9.50	7.00~8.50	5.00~6.00
5	混凝土浇筑工程	直接费	9.50	8.50~9.50	5.00~6.00
6	钢筋制安工程	直接费	5.50	5.00	5.00
7	钻孔灌浆工程	直接费	10.50	9.50~10.50	9.25
8	锚固工程	直接费	10.50	9.50~10.50	9.25
9	疏浚工程	直接费	7.25	7.25	6.25~7.25
10	掘进机施工隧洞工程(1)	直接费	4.00	4.00	4.00
11	掘进机施工隧洞工程(2)	直接费	6.25	6.25	6.25
12	其他工程	直接费	10.50	8.50~9.50	7.25
二	机电、金属结构设备安装工程	人工费	75.00	70.00	70.00

3)利润

按直接工程费与间接工程费之和的7%计取。

4)税金

按直接工程费、间接工程费、利润之和的9%计取。

1.2.1.4　独立费用

1.建设管理费

建设管理费按一至四部分建安工作量的1.7%+460万元(辅助参数)计算。

2.工程建设监理费

工程建设监理费根据发改价格〔2007〕670号文《建设工程监理与相关服务收费管理规定》计算。

3.生产准备费

生产及管理单位提前进场费、生产职工培训费、管理用具购置费分别按一至四部分建安工作量的0.35%、0.55%、0.06%计算,备品备件购置费按设备费(同型号水轮发电机组计列一台设备费)的0.6%计算,工器具及生产家具购置费按设备费的0.1%计算。

4.科研勘测设计费

工程科学研究试验费按工程建安工作量的0.7%计算。

工程勘测设计费计算执行相关规定。

5.其他

工程保险费按一至四部分合计的4.5‰计算。

1.2.1.5　预备费

基本预备费按一至五部分投资合计(不含建设及场地征用费)的6%计算,不计价差预备费。

1.2.1.6　建设征地移民补偿投资和环境保护工程投资

建设征地移民补偿投资和环境保护工程投资编制方法及计算标准执行移民和环境保护编制规定,根据规定计算出建设征地移民补偿投资和环境保护工程投资均为80万元。

1.2.1.7　建设期融资利息

根据资金筹措方案计算,建设期融资利息为300万元。

1.2.2　初步设计概算文件编制

初步设计概算文件编制如下面的几个表所示。

工程概算总表

单位:万元

序号	工程或费用名称	建安工程费	设备购置费	独立费用	合计
Ⅰ	工程部分投资				
	第一部分　建筑工程				
	第二部分　机电设备及安装工程				
	第三部分　金属结构设备及安装工程				
	第四部分　施工临时工程				
	第五部分　独立费用				
	一至五部分投资合计				
	基本预备费				
	静态投资				
Ⅱ	建设征地移民补偿投资				
	一　农村部分补偿费				
	二　城(集)镇部分补偿费				
	三　工业企业补偿费				
	四　专业项目补偿费				
	五　防护工程费				
	六　库底清理费				
	七　其他费用				
	一至七项小计				
	基本预备费				
	有关税费				
	静态投资				
Ⅲ	环境保护工程投资静态投资				
Ⅳ	水土保持工程投资静态投资				
Ⅴ	工程投资总计(Ⅰ~Ⅳ合计)				
	静态总投资				
	价差预备费				
	建设期融资利息				
	总投资				

建筑工程概算表

序号	工程或费用名称	单位	数量	单价/元	合计/万元
壹	第一部分　建筑工程				
一	主体建筑工程				
(一)	大坝工程				
(1)	覆盖层开挖	m^3	4 569.89		
(2)	石方明挖	m^3	1 495 700.00		
(3)	石方洞挖	m^3	375 000.00		
(4)	土方填筑	m^3	100 000.00		
(5)	M7.5 浆砌块石	m^3	54 000.00		
(6)	坝体混凝土 C25	m^3	34 460.00		
(7)	C10 混凝土垫层	m^3	25.00		
(8)	钢筋制安	t	10 900.00		
(9)	平面钢模板	m^2	2 800.00		
(10)	止水	m	5 156.00		
(11)	防水层	m^2	4 322.00		
(12)	伸缩缝	m^2	2 135.00		
(13)	基础固结灌浆	m	9 000.00		
(14)	帷幕灌浆	m	68 000.00		
(15)	土工布	m^2	3 520.00		
(16)	草皮护坡	m^2	3 586.00		
(17)	C20 混凝土防渗墙	m^3	73.56		
(18)	C20 混凝土护坡	m^3	167.98		

续　表

序号	工程或费用名称	单位	数量	单价/元	合计/万元
(19)	粗砂垫层	m^3	103.31		
(20)	碎石垫层	m^3	103.31		
(二)	坝体防渗工程				
(21)	土方开挖	m^3	3 396.95		
(22)	黏土防渗墙填筑	m^3	1 070.19		
(23)	土方回填	m^3	2 326.76		
(三)	溢洪道工程				
(24)	溢洪道底板及岸坡挖土方(运距1 km)	m^3	2 702.28		
(25)	溢洪道底板及岸坡填方(运距1 km)	m^3	1 275.23		
(26)	C10混凝土垫层	m^3	255.05		
(27)	C20混凝土底板衬砌	m^3	161.85		
(28)	C20混凝土护坡	m^3	75.60		
(29)	M7.5浆砌石护坡	m^3	293.27		
(30)	平面模板	m^2	320.91		
(31)	石方明挖	m^3	3 410.00		
(32)	石方洞挖	m^3	4 900.00		
(四)	左岸输水洞				
(33)	土方开挖	m^3	2 153.87		
(34)	土方回填	m^3	2 107.77		
(35)	C25混凝土基础	m^3	3.99		

续 表

序号	工程或费用名称	单位	数量	单价/元	合计/万元
(36)	C15 混凝土垫层	m^3	4.31		
(37)	M7.5 浆砌石护坡	m^3	196 .00		
(38)	C25 钢筋混凝土	m^3	9.87		
(39)	橡胶止水	m	0.88		
(40)	钢筋制作安装	t	5.97		
(41)	模板制作安拆	m^2	202.76		
(42)	输水洞出口 M7.5 浆砌石泄水渠	m^3	6.30		
(43)	C15 混凝土垫层	m^3	3.68		
(44)	C25 混凝土输水洞	m^3	121.03		
(45)	C25 出水口消力池	m^3	5.57		
二	房屋建筑工程				
1	管理房工程				
	管理房	m^2	50		
三	其他建筑工程				
1	水库标识牌	个	1.00		
2	照明线路工程	m	200.00		
3	观测设施				
	水尺	组	4.00		
	钢板	kg	1.60		
	钢球	个	2.00		

设备及安装工程概算表

序号	名称及规格	单位	数量	单价/元		合计/万元	
				设备费	安装费	设备费	安装费
贰	第二部分 机电设备及安装工程						
一	水轮机设备及安装工程						
	水轮机(25 t)	台	1				
	小计						
	综合运杂费用(4.31%)						
二	发电设备及安装工程						
	发电机(48 t)	台	2				
	发电机(16 t)	台	1				
	励磁装置(大机组)	套	2				
	励磁装置(小机组)	套	1				
	小计						
	综合运杂费用(4.31%)						
三	厂用电系统						
	变压器	台	2				
	400 kW 柴油发电机组	套	1				
	1 000 kW 柴油发电机组	套	1				
	小计						
	综合运杂费用(5.94%)						
叁	第三部分　金属结构设备及安装工程						
1	闸门设备及安装						
	闸门	t	30				
	小计						
	综合运杂费用(5.94%)						
2	启闭机设备及安装						
	启闭机 QLC-30-S	台	1				
	小计						
	综合运杂费用(5.94%)						

施工临时工程概算表

序号	工程名称	单位	工程量	单价/元	合计/元
肆	第四部分　施工临时工程				135 758.90
一	导流工程				10 875.82
1	围堰填筑	m^3	131	15.45	2 023.95
2	袋装土石围堰填筑	m^3	53	113.14	5 996.42
3	袋装土石围堰拆除	m^3	53	12.08	640.24
4	围堰拆除	m^3	131	16.91	2 215.21
二	施工交通工程				20 000.00
1	施工临时道路	m^2	1 000	20.00	20 000.00
三	施工场外供电工程				6 000.00
	施工临时供电线路	m	300	20.00	6 000.00
四	施工房屋建筑工程				91 548.71
1	施工仓库	m^2	300	260.00	78 000.00
2	办公、生活及文化福利建筑	%	1.5	903 247.29	13 548.71
五	其他临时工程	%	0.8	916 796.00	7 334.37

独立费用概算表

序号	工程或费用名称	单位	数量	单价/万元	合计/万元
一	建设管理费				
二	工程建设监理费				2 786.09
三	联合试运转费				
四	生产准备费				
1	生产及管理单位提前进场费				
2	生产职工培训费				
3	管理用具购置费				
4	备品备件购置费				
5	工器具及生产家具购置费				
五	科研勘测设计费				
1	工程科学研究试验费				
2	工程勘测设计费				1 950.50
六	其他				
1	工程保险费				
2	其他税费				0
	合计				

次要材料预算价格汇总表

单位:元

编号	名称及规格	单位	预算价格
1	锯材	m^3	
2	型钢	kg	4.07
3	空心钢	kg	5.40
4	铁件	kg	5.22
5	电焊条	kg	5.50
6	导火线	m	4.27
7	导电线	m	1.00
8	合金钻头	个	70.00
9	氧气	m^3	6.50
10	乙炔气	m^3	9.00
11	沥青	t	2 123.89
12	速凝剂	t	2 800.00
13	麻布	m^2	4.80
14	钢板(综合)	kg	3.81
15	钢管	kg	4.60
16	组合钢模板	kg	
17	铜材	kg	54.00
18	木材	m^3	769.23
19	火雷管	个	4.80
20	非电毫秒雷管	个	4.20
21	电雷管	个	3.10
22	导爆管	m	3.70
23	变压器油	kg	8.50
24	小石	m^3	194.17
25	黏土	m^3	38.83
26	土工布	m^2	6.00

续 表

编号	名称及规格	单位	预算价格
27	编织袋	个	0.20
28	草皮	m^2	8.55
29	油毛毡	m^2	3.30
30	预制混凝土柱	m^3	1 024.00
31	钻头ϕ45	个	2.20
32	钻头ϕ102	个	8.40
33	潜孔钻钻头 150 型	个	470.00
34	锚杆附件	kg	4.70
35	镀锌螺栓(M10~M16)×(70~140)	套	2.20
36	铁丝	kg	4.90
37	垫铁	kg	4.20
38	卡扣件	kg	
39	模板	m^2	10.55
40	木柴	t	600.00
41	枕木	根	1 800.00
42	橡胶止水带	m	87.00
43	酚醛层压板	m^2	28.00
44	电	kW·h	0.76
45	风	m^3	0.07
46	水	m^3	1.91
47	棉纱头	kg	10.50
48	滤油纸	张	0.70
49	石棉布	m^2	18.00
50	油漆	kg	13.50
51	DH6 冲击器	套	2 400.00

建筑工程单价汇总表

单位：元

单价编号	名称	单位	单价	其中							
				人工费	材料费	机械使用费	其他直接费	间接费	利润	材料补差	税金

安装工程单价汇总表

单位：元

单价编号	名称	单位	单价	其中								
				人工费	材料费	机械使用费	其他直接费	间接费	利润	材料补差	未计价装置性材料费	税金

主要材料预算价格汇总表

单位:元

序号	名称及规格	单位	预算价格	其中			
				原价	运杂费	运输保险费	采购及保管费

其他材料预算价格汇总表

单位：元

序号	项目名称	单位	单价	序号	项目名称	单位	单价

施工机械台时费汇总表

单位：元

序号	名称及规格	台时费基价	定额数量				
			折旧费	修理及替换设备费	安拆费	人工费	动力燃料费

主要材料运输费用计算表

单位：元

编号	1	2	3	材料名称				材料编号	
交货条件				运输方式	火车	汽车	船运	火车	
交货地点				货物等级				整车	零担
交货比例/%				装载系数					

编号	运输费用项目	运输起讫地点	运输距离/km	计算公式	合计
1	铁路运杂费				
	公路运杂费				
	水路运杂费				
	场内运杂费				
	综合运杂费				
2	铁路运杂费				
	公路运杂费				
	水路运杂费				
	场内运杂费				
	综合运杂费				
3	铁路运杂费				
	公路运杂费				
	水路运杂费				
	场内运杂费				
	综合运杂费				
每吨运杂费					

主要材料预算价格计算表

单位：元

编号	名称及规格	单位	原价依据	单位毛重/t	每吨运费	价格					
						原价	运杂费	采购及保管费	运到工地分仓库价格	保险费	预算价格

混凝土材料单价计算表

单位：m^3

编号	名称及规格	单位	预算量	调整系数	材料预算单价			混凝土材料价格		
					预算价/元	基价/元	价差/元	预算价/元	基价/元	价差/元

建筑工程单价表

单价编号		项目名称			
定额编号				定额单位	
施工方法					
编号	名称及规格	单位	数量	单价/元	合计/元

建筑工程单价表

单价编号		项目名称			
定额编号			定额单位		
施工方法					
编号	名称及规格	单位	数量	单价/元	合计/元

建筑工程单价表

单价编号		项目名称			
定额编号			定额单位		
施工方法					
编号	名称及规格	单位	数量	单价/元	合计/元

建筑工程单价表

单价编号		项目名称			
定额编号			定额单位		
施工方法					
编号	名称及规格	单位	数量	单价/元	合计/元

建筑工程单价表

单价编号		项目名称			
定额编号			定额单位		
施工方法					
编号	名称及规格	单位	数量	单价/元	合计/元

建筑工程单价表

单价编号		项目名称			
定额编号			定额单位		
施工方法					
编号	名称及规格	单位	数量	单价/元	合计/元

2　工作目标

(1)掌握初步设计概算文件的组成;
(2)编制土石坝工程概算文件;
(3)掌握基础单价编制方法;
(4)掌握建筑及安装工程单价编制方法;
(5)掌握独立费用计算方法。

3　任务分组

按照学号顺序,每6~8名学生为1个小组,每小组设组长1名,每个小组的设计任务要求组内成员保质保量完成。小组成员互相讨论设计方案,培养团队协作能力,小组间不得互相抄袭。

学生任务分组表

班级		组号		指导教师	
姓名		学号		工作日期	
任务分工					
提交成果					

4　引导问题

(1)概算文件是水利工程哪个阶段的造价文件?

(2)初步设计概算文件的组成内容有哪些?

(3)建筑及安装工程单价的计算程序是什么?

(4)建筑及安装工程单价的费用构成有哪些？

5　工作计划

根据概算文件编制要求，完整、合理选用概算定额，编制概算文件。

6　进度决策

分组汇报各组制订的工作计划，小组互评、教师点评，确定初步设计概算总投资，为任务实施做好准备。

7　工作实施

7.1　准备工作

(1)了解工程概况，即了解工程位置、规模、枢纽布置、地质、水文情况、主要建筑物的结构形式和主要技术数据、施工总布置、施工导流、对外交通条件、施工进度及主体工程施工方案等。

(2)拟订工作计划，确定编制原则和依据；确定计算基础单价的基本条件和参数；确定所采用的定额标准及有关数据；明确各专业提供的资料内容、深度要求和时间；落实编制进度及提交最后成果的时间；编制人员分工安排和提出计划工作量。

(3)调查研究、收集资料。主要了解施工用砂、石、土料储量、级配，料场位置、料场内外交通运输条件、开挖运输方式等。收集物资、材料、税务、交通及设备价格资料，调查新技术、新工艺、新材料的有关价格等。

7.2　计算基础单价

基础单价是建安工程单价计算的重要依据和基本要素之一。应根据收集到的各项资料，按工程所在地编制年价格水平，执行上级主管部门有关规定分析计算。

7.3　划分工程项目、计算工程量

按照《水利工程设计概(估)算编制规定》(水利部水总〔2014〕429号)进行项目划分，并按水利水电工程量计算规定工程量。设计工程量是编制概算的工程量。合理的超挖、超填和施工附加量及各种损耗和体积变化等均已按相关规范计入有关概算定额，设计工程量中不再另行计算。

7.4 套用定额计算工程单价

在上述工作的基础上,根据工程项目的施工组织设计、现行定额、费用标准和有关基础单价,编制工程单价。

7.5 编制工程概算

根据工程量、设备清单、工程单价和费用标准分别编制各部分概算。

7.6 进行工、料、机分析汇总

将各工程项目所需的人工工时和费用,主要材料数量和价格,施工机械规格、型号、数量及台时,进行统计汇总。

7.7 汇总静态总投资

各部分概算计算完成后,即可进行工程部分概算汇总,主要内容如下:

(1)汇总建筑工程、机电设备及安装工程、金属结构设备及安装工程、施工临时工程、独立费用五部分投资。

(2)五部分投资合计之后,再计算基本预备费,五部分投资合计加上基本预备费即为工程部分静态投资。

(3)工程部分、建设征地移民补偿、环境保护工程、水土保持工程的静态投资之和构成静态总投资。

7.8 汇总总投资

静态总投资、价差预备费、建设期融资利息之和构成总投资。

7.9 编写编制说明及投资对比分析报告

编写编制说明并将校核、审定后的概算成果一同装订成册,编制投资对比分析报告,形成初步设计概算文件。

8 评价反馈

主要包括组内、组间学生相互检查评价、教师检查评价等。学生自评占50%、教师评价占50%,分别如表6-1、表6-2所示。

表6-1　学生自评表

班级		姓名		学号	
学习任务1	初步设计概算文件编制				
评价项目	评价标准			分值	得分
设计概算文件组成	熟练掌握初步设计概算文件组成			40	
工程单价费用构成	熟练掌握工程单价费用构成			30	
工程单价计算程序	熟练掌握工程单价计算程序			30	
	合计			100	

表6-2　教师评价表

班级		姓名		学号	
学习任务1	初步设计概算文件编制				
评价项目	评价标准			分值	得分
平时表现	出勤、课堂表现、团队合作情况			40	
成果评价	正确、合理选用工程定额,编制初步设计概算文件			60	
	合计			100	

9　相关知识点

9.1　概算文件组成内容

概算文件包括设计概算报告(正件)、附件、投资对比分析报告。

9.1.1　概算正件组成内容

9.1.1.1　编制说明

(1)工程概况。包括流域、河系、兴建地点、工程规模、工程效益、工程布置形式、主体建筑工程量、主要材料用量、施工总工期等。

(2)投资主要指标。包括工程总投资和静态总投资,年度价格指数,基本预备费率,建设期融资额度、利率和利息等。

(3)编制原则和依据:

①概算编制原则和依据。

②人工预算单价,主要材料,施工用电、水、风、砂石料等基础单价的计算依据。

③主要设备价格的编制依据。

④建筑安装工程定额、施工机械台时费定额和有关指标的采用依据。

⑤费用计算标准及依据。

⑥工程资金筹措方案。

(4)概算编制中其他应说明的问题。

(5)主要技术经济指标表。

9.1.1.2 工程概算总表

工程概算总表应汇总工程部分、建设征地移民补偿、环境保护工程、水土保持工程总概算表。

9.1.1.3 工程部分概算表和概算附表

(1)概算表。概算表包括:①工程部分总概算表;②建筑工程概算表;③机电设备及安装工程概算表;④金属结构设备及安装工程概算表;⑤施工临时工程概算表;⑥独立费用概算表;⑦分年度投资表;⑧资金流量表(枢纽工程)。

(2)概算附表。概算附表包括:①建筑工程单价汇总表;②安装工程单价汇总表;③主要材料预算价格汇总表;④次要材料预算价格汇总表;⑤施工机械台时费汇总表;⑥主要工程量汇总表;⑦主要材料量汇总表;⑧工时数量汇总表。

9.1.2 概算附件组成内容

(1)人工预算单价计算表。

(2)主要材料运输费用计算表。

(3)主要材料预算价格计算表。

(4)施工用电价格计算书(附计算说明)。

(5)施工用水价格计算书(附计算说明)。

(6)施工用风价格计算书(附计算说明)。

(7)补充定额计算书(附计算说明)。

(8)补充施工机械台时费计算书(附计算说明)。

(9)砂石料单价计算书(附计算说明)。

(10)混凝土材料单价计算表。

(11)建筑工程单价表。

(12)安装工程单价表。

(13)主要设备运杂费费率计算书(附计算说明)。

(14)临时房屋建筑工程投资计算书(附计算说明)。

(15)独立费用计算书(勘测实际费可另附计算书)。

(16)分年度投资计算表。

(17)资金流量计算表。

(18)价差预备费计算表。

(19)建设期融资利息计算书(附计算说明)。

(20)计算人工、材料、设备预算价格和费用依据的有关文件、询价报价资料及其他。

9.1.3　投资对比分析报告

应从价格变动、项目及工程量调整、国家政策性变化等方面进行详细分析，说明初步设计阶段与可行性研究阶段（或可行性研究阶段与项目建议书阶段）相比较的投资变化原因和结论，编写投资对比分析报告。工程部分报告应包括：①总投资对比表；②主要工程量对比表；③主要材料和设备价格对比表；④其他相关表格。

投资对比分析报告应汇总工程部分、建设征地移民补偿、环境保护、水土保持各部分对比分析内容。

设计概算报告（正件）、投资对比分析报告既可单独成册，也可作为初步设计报告（设计概算章节）的相关内容。设计概算附件宜单独成册，并应随初步设计文件报审。

9.2　分部工程概算编制

建筑工程概算采用“建筑工程概算表”的格式编制，建筑工程按主体建筑工程、交通工程、房屋建筑工程、供电设施工程、其他建筑工程分别采用单价法、指标法和百分率等不同的方法编制。

9.2.1　主体建筑工程

（1）主体建筑工程概算按设计工程量乘以工程单价进行编制。

（2）主体建筑工程量应遵照《水利水电工程设计工程量计算规定》（SL 328—2005），按项目划分要求，计算到三级项目。

（3）当设计对混凝土施工有温控要求时，应根据温控措施设计计算温控措施费用，也可以经过分析确定温控措施指标后，按建筑物混凝土方量进行计算。

（4）细部结构工程可参照水工建筑工程细部结构指标表确定，见表 6-3。

（5）细部结构中的工程量可做如下考虑：

①土坝坝体方：只考虑构成坝体的心墙、反滤层、斜墙、坝壳料等工程量，不考虑坝体上、下游的护坡，坝顶道路，防浪墙等其他工程量。

②堆石坝坝体方：只考虑构成堆石坝坝体的主堆石体、次堆石体、过渡层、反滤层的工程量，不考虑面板混凝土及坝体上下游的护坡等其他工程量。

③混凝土坝体方：只考虑构成坝体的各强度等级混凝土工程量，不考虑与坝体无关的其他工程量。

④水闸混凝土工程量：包括构成闸室段、上游连接段、下游连接段的各强度等级混凝土工程量，不包括其他工程量。

⑤其他工程项目的工程量：只考虑工程项目本体的工程量（如隧洞衬砌工程量、倒虹吸工程量、渠道工程量、溢洪道工程量、厂房工程量等，只考虑构成工程实体的混凝土工程量），不考虑其他混凝土工程量。

关于细部结构工程单价：按照表 6-3 第 2 条注解，应计入相关费用，取费按相关工程项目取值，即土坝按土方工程取费，堆石坝按石方工程取费，其他按混凝土工程取费。

表 6-3　水工建筑工程细部结构指标

项目名称	混凝土重力坝、重力拱坝、宽缝重力坝、支墩坝	混凝土双曲拱坝	土坝、堆石坝	水闸	冲沙闸、泄洪闸
单位	元/m³(坝体方)			元/m³(混凝土)	
综合指标	16.2	17.2	1.15	48	42

项目名称	进水口、进水塔	溢洪道	隧洞	竖井、调压井	高压管道
单位	元/m³(混凝土)				
综合指标	19	18.1	15.3	19	4

项目名称	电(泵)站地面厂房	电(泵)站地下厂房	船闸	倒虹吸、暗渠	渡槽	明渠(衬砌)
单位	元/m³(混凝土)					
综合指标	37	57	30	17.7	54	8.45

注：1. 表中综合指标包括多孔混凝土排水管、廊道木模制作与安装、止水工程(面板坝除外)、伸缩缝工程、接缝灌浆管路、冷却水管路、栏杆、照明工程、爬梯、通气管道、排水工程、排水渗井钻孔及反滤料、坝坡踏步、孔洞钢盖板、厂房内上下水工程、防潮层、建筑钢材及其他细部结构工程；

2. 表中综合指标仅包括基本直接费内容；

3. 改扩建及加固工程根据设计确定细部结构工程的工程量。其他工程，如果工程设计能够确定细部结构工程的工程量，可按设计工程量乘以工程单价进行计算，不再按本表指标计算。

9.2.2　交通工程

交通工程包括上坝、进厂、对外等场内外永久公路，以及桥梁、交通隧洞、铁路、码头、运行管理维护道路等工程。

交通工程投资按设计工程量乘以单价进行计算，也可根据工程所在地区造价指标或有关实际资料，采用扩大单位指标编制。

9.2.3　房屋建筑工程

房屋建筑工程。包括为生产运行服务的永久性辅助生产建筑、仓库、办公、值班宿舍及文化福利等房屋建筑工程和室外工程。

(1)永久房屋建筑。

①用于生产、办公的房屋建筑面积，由设计单位按有关规定结合工程规模确定，单位造价指标根据当地相应建筑造价水平确定。

②值班宿舍及文化福利建筑的投资按主体建筑工程投资的百分率计算。

枢纽工程：投资≤50 000 万元，1.0%～1.5%；50 000 万元<投资≤100 000 万元，0.8%～1.0%；投资>100 000 万元，0.5%～0.8%。

引水工程：0.4%～0.6%。

河道工程：0.4%。

投资小或工程位置偏远者取大值，反之取小值。

③除险加固工程(含枢纽工程、引水工程、河道工程)、灌溉田间工程的永久房屋建筑面积由设计单位根据有关规定结合工程建设需要确定。

(2)室外工程投资,一般按房屋建筑工程投资的15%~20%计算。

9.2.4　供电设施工程

供电设施工程指工程生产运行供电需要架设的输电线路及变配电设施工程。根据设计的电压等级、线路架设长度及所需配备的变配电设施要求,采用工程所在地区造价指标或有关实际资料计算。

9.2.5　其他建筑工程

其他建筑工程包括安全监测设施工程,照明线路,通信线路,厂坝(闸、泵站)区供水、供热、排水等公用设施,劳动安全与工业卫生设施,水文、泥沙监测设施工程,水情自动测报工程及其他。

(1)安全监测设施工程,指属于建筑工程性质的内外部观测设施。安全监测设施工程项目投资应按设计资料计算。当无设计资料时,可根据坝型或其他工程形式,按照主体建筑工程投资的百分率计算:当地材料坝,0.9%~1.1%;混凝土坝,1.1%~1.3%;引水式电站(引水建筑物),1.1%~1.3%;堤防工程,0.2%~0.3%。

(2)照明线路、通信线路、公用设施等三项工程投资按设计工程量乘以单价或采用扩大单位指标编制。

(3)其余各项按设计要求分析计算。

9.3　机电设备及安装工程概算

机电设备及安装工程概算包括:①机械设备泛指水轮机、发电机、调速器及其辅助设备及安装工程;②电气设备泛指一次设备、二次设备及其他电气设备及安装工程。

以上两部分设备及安装工程费用共同构成总概算中第二部分费用(机电设备及安装工程费),其大部分集中在发电厂房中和升压、变电站中。各部分设备及安装工程费用由设备费和安装工程费两部分组成。

9.3.1　设备费

设备费包括设备原价、运杂费、运输保险费和采购及保管费等。

9.3.1.1　设备原价

以出厂价或设计单位分析论证的询价为设备原价。

(1)国产设备,其原价指出厂价。

(2)进口设备,以到岸价和进口征收的税金、手续费、商检费及港口费等各项费用之和为原价。

(3)大型机组及其他大型设备分别运至工地后的拼装费用,应包括在设备原价内。

9.3.1.2　运杂费

运杂费指设备由厂家运至工地现场所发生的一切运杂费用,包括运输费、装卸费、包装绑扎费、大型变压器充氮费及可能发生的其他杂费。

(1)国产设备运杂费分主要设备运杂费和其他设备运杂费,均按照占设备原价的百分率计算。

《水利工程设计概(估)算编制规定》(水利部水总〔2014〕429号)文规定的主要设备运杂费费率见表6-4。设备由铁路直达或铁路、公路联运时,分别按里程求得费率后叠加计算;如果设备由公路直达,应按公路里程计算费率后,再加公路直达基本费费率。

表 6-4　主要设备运杂费费率　%

设备分类		铁路		公路		公路直达基本费费率
		基本运距 1 000 km	每增运 500 km	基本运距 100 km	每增运 20 km	
水轮发电机组		2.21	0.30	1.06	0.15	1.01
主阀、桥机		2.99	0.50	1.85	0.20	1.33
主变压器	120 000 kVA 及以上	3.50	0.40	2.80	0.30	1.20
	120 000 kVA 以下	2.97	0.40	0.92	0.15	1.20

其他设备运杂费费率见表 6-5。工程地点距铁路线近者,费率取小值,远者取大值。新疆、西藏地区的其他设备运杂费费率可视具体情况另行确定。

(2)进口设备国内段运杂费费率,可按国产设备运杂费费率乘以相应国产设备原价占进口设备原价的比例系数进行计算,即按相应国产设备价格计算运杂费费率。

9.3.1.3　运输保险费

运输保险费指设备在运输过程中的保险费用。

表 6-5　其他设备运杂费费率　%

类别	适用地区	费率
Ⅰ	北京、天津、江苏、江西、安徽、湖北、湖南、河南、广东、山西、山东、河北、陕西、辽宁、吉林、黑龙江等省(直辖市)	3~5
Ⅱ	甘肃、云南、贵州、广西、四川、重庆、福建、海南、宁夏、内蒙古、青海等省(自治区、直辖市)	5~7

运输保险费等于设备原价乘以运输保险费费率。国产设备运输保险费费率可按工程所在省、自治区、直辖市规定计算,进口设备的运输保险费费率按有关规定执行。

9.3.1.4　采购及保管费

采购及保管费指建设单位和施工企业在负责设备的采购、保管过程中发生的各项费用。按设备原价、运杂费之和的 0.7%计算。

设备体腔内的定量充填物,应视为设备,其价值计入设备费,一般变压器油计入设备原价,不必另外计价。透平油、油压启闭机中的液压油、蓄电池中的电解液都应另计费用。

9.3.1.5　运杂综合费费率

运杂综合费费率=运杂费费率+(1+运杂费费率)×采购及保管费费率+运输保险费费率　(6-1)

上述运杂综合费费率,适用于计算国产设备运杂综合费。国产设备运杂综合费费率乘以相应国产设备原价占进口设备原价的比例系数,即为进口设备的国内段运杂综合费费率。

9.3.1.6　交通工具购置费

工程竣工后,应保证建设项目初期生产管理单位正常运行必须配备的车辆和船只所产生的费用。

交通设备数量应由设计单位按有关规定、结合工程规模确定,设备价格根据市场情况,结合国家有关政策确定。

当无设计资料时,可按表 6-6 计算。除高原、沙漠地区外,不得用于购置进口、豪华车辆。灌溉田间工程不计此项费用。

计算方法:以第一部分建筑工程投资为基数,按表 6-6 的费率,以超额累进方法计算。

表 6-6　交通工具购置费费率

第一部分建筑工程投资/万元	费率/%	辅助参数/万元
10 000 及以内	0.50	0
10 000~50 000	0.25	25
50 000~100 000	0.10	100
100 000~200 000	0.06	140
200 000~500 000	0.04	180
500 000 以上	0.02	280

简化计算公式:交通工具购置费=第一部分建筑工程投资×该档费率+辅助参数。

安装工程投资按设计提供的设备数量乘以安装工程单价进行计算。

9.3.2　金属结构设备及安装工程概算

金属结构设备及安装工程泛指机、门、管,即各种起重机械、各种闸门和压力钢管制作及安装,大部分集中于大坝、溢洪道、航运过坝和压力管道工程中,构成第三部分金属结构及安装工程费。

金属结构设备及安装工程概算编制方法同第二部分机电设备及安装工程概算。

9.3.3　施工临时工程概算编制

9.3.3.1　导流工程

导流工程主要包括导流明渠、导流洞、围堰工程、蓄水期下游供水工程、金属结构制作安装工程等。既可按设计工程量乘以工程单价进行计算。

9.3.3.2　施工交通工程

施工交通工程包括施工现场内外为工程建设服务的临时交通工程,如公路、铁路、桥梁、施工支洞、码头、转运站等。既可按设计工程量乘以单价进行计算,也可根据工程所在地区造价指标或有关实际资料,采用扩大单位指标编制。

9.3.3.3　施工场外供电工程

施工场外供电工程包括从现有电网向施工现场供电的高压输电线路(枢纽工程:35 kV 及以上等级;引水工程、河道工程:10 kV 及以上等级;掘进机施工专用供电线路)、施工变(配)电设施设备(场内除外)工程。根据设计的电压等级、线路架设长度及所需配备的变配电设施要求,采用工程所在地区造价指标或有关实际资料计算。

9.3.3.4 *施工房屋建筑工程*

施工房屋建筑工程指工程在建设过程中建造的临时房屋,包括施工仓库、办公、生活及文化福利建筑及所需的配套设施工程。施工仓库指为工程施工而临时兴建的设备、材料、工器具等仓库;办公、生活及文化福利建筑指施工单位、建设单位(包括监理单位)及设计代表在工程建设期所需的办公室、宿舍、招待所和其他文化福利设施等房屋建筑工程。

不包括列入临时设施和其他施工临时工程项目内的电、风、水系统,通信系统,砂石料系统,混凝土拌和及浇筑系统,木工、钢筋、机修等辅助加工厂,混凝土预制构件厂,混凝土制冷、供热系统,施工排水等生产用房。

(1)施工仓库。建筑面积由施工组织设计确定,单位造价指标根据当地相应建筑造价水平确定。

(2)办公、生活及文化福利建筑。

①枢纽工程,按式(6-2)计算:

$$I = \frac{AUP}{NL}K_1K_2K_3 \tag{6-2}$$

式中 I——房屋建筑工程投资,元;

A——建安工作量,按工程一至四部分建安工作量(不包括办公、生活及文化福利建筑和其他施工临时工程)之和乘以(1+其他施工临时工程百分率)计算;

U——人均建筑面积综合指标,按 12~15 m^2/人标准计算;

P——单位造价指标,参考工程所在地的永久房屋造价指标(元/m^2)计算;

N——施工年限,按施工组织设计确定的合理工期计算;

L——全员劳动生产率,一般取 80 000~120 000 元/(人·年),施工机械化程度高取大值,反之取小值,采用以掘进机施工为主的工程,全员劳动生产率应适当提高;

K_1——施工高峰人数调整系数,取 1.10;

K_2——室外工程系数,取 1.10~1.15,地形条件差的可取大值,反之取小值;

K_3——单位造价指标调整系数,按不同施工年限,采用表 6-7 中的调整系数。

表 6-7 单位造价指标调整系数

工期	系数	工期	系数
2 年之内	0.25	5~8 年	0.70
2~3 年	0.40	8~11 年	0.80
3~5 年	0.55		

②引水工程按一至四部分建安工作量的百分率计算(见表 6-8)。

表6-8 引水工程施工房屋建筑

工期	工程费费率	工期	工程费费率
≤3年	1.5%~2.0%	>3年	1.0%~1.5%

一般引水工程取中上限,大型引水工程取下限。

掘进机施工隧洞工程按表中费率乘以0.5调整系数。

③河道工程按一至四部分建安工作量的百分率计算(见表6-9)。

表6-9 河道工程施工房屋建筑

工期	工程费费率	工期	工程费费率
≤3年	1.5%~2.0%	>3年	1.0%~1.5%

9.3.3.5 其他施工临时工程

其他施工临时工程指除施工导流、施工交通、施工场外供电、施工房屋建筑、缆机平台、掘进机泥水处理系统和管片预制系统土建设施以外的施工临时工程。主要包括施工供水(大型泵房及干管)、砂石料系统、混凝土拌和浇筑系统、大型机械安装拆卸、防汛、防冰、施工排水、施工通信等工程,其投资按一至四部分建安工作量(不包括其他大型临时工程)之和的百分率计算。

(1)枢纽工程为3.0%~4.0%。

(2)引水工程为2.5%~3.0%。一般引水工程取下限,隧洞、渡槽等大型建筑物较多的引水工程、施工条件复杂的引水工程取上限。

(3)河道工程为0.5%~1.5%。灌溉田间工程取下限,建筑物较多、施工排水量大或施工条件复杂的河道工程取上限。

9.3.4 独立费用

9.3.4.1 建设管理费

(1)枢纽工程。枢纽工程建设管理费以一至四部分建安工作量为计算基数,按表6-10所列费率,以超额累进方法计算。

表6-10 枢纽工程建设管理费费率

一至四部分建安工作量/万元	费率/%	辅助参数/万元
50 000及以内	4.5	0
50 000~100 000	3.5	500
100 000~200 000	2.5	1 500
200 000~500 000	1.8	2 900
500 000以上	0.6	8 900

简化计算公式:建设管理费=一至四部分建安工作量×该档费率+辅助参数(下同)。

(2)引水工程。引水工程建设管理费以一至四部分建安工作量为计算基数,按表6-11所列费率,以超额累进方法计算。原则上应按整体工程投资统一计算,工程规模较大时可分段计算。

表6-11 引水工程建设管理费费率

一至四部分建安工作量/万元	费率/%	辅助参数/万元
50 000 及以内	4.2	0
50 000~100 000	3.1	550
100 000~200 000	2.2	1 450
200 000~500 000	1.6	2 650
500 000 以上	0.5	8 150

(3)河道工程。河道工程建设管理费以一至四部分建安工作量为计算基数,按表6-12所列费率,以超额累进方法计算。原则上应按整体工程投资统一计算,工程规模较大时可分段计算。

表6-12 河道工程建设管理费费率

一至四部分建安工作量/万元	费率/%	辅助参数/万元
10 000 及以内	3.5	0
10 000~50 000	2.4	110
50 000~100 000	1.7	460
100 000~200 000	0.9	1 260
200 000~500 000	0.4	2 260
500 000 以上	0.2	3 260

9.3.4.2 工程建设监理费

按照国家发改委发改价格〔2007〕670号文颁发的《建设工程监理与相关服务收费管理规定》及其他相关规定执行。

9.3.4.3 联合试运转费

联合试运转费用指标见表6-13。

表6-13　联合试运转费用指标

水电站工程	单机容量/万kW	≤1	≤2	≤3	≤4	≤5	≤6	≤10	≤20	≤30	≤40	>40
	费用/(万元/台)	6	8	10	12	14	16	18	22	24	32	44
泵站工程	电力泵站	50~60元/kW										

9.3.4.4　生产准备费

(1)生产及管理单位提前进场费。枢纽工程按一至四部分建安工作量的0.15%~0.35%计算,大(1)型工程取小值,大(2)型工程取大值;引水工程视工程规模参照枢纽工程计算;河道工程、除险加固工程、田间工程原则上不计此项费用。

(2)生产职工培训费。按一至四部分建安工作量的0.35%~0.55%计算。枢纽工程、引水工程取中上限,河道工程取下限。

(3)管理用具购置费。枢纽工程按一至四部分建安工作量的0.04%~0.06%计算,大(1)型工程取小值,大(2)型工程取大值;引水工程按建安工作量的0.03%计算;河道工程按建安工作量的0.02%计算。

(4)备品备件购置费。按占设备费的0.4%~0.6%计算。大(1)型工程取下限,其他工程取中、上限。设备费应包括机电设备、金属结构设备及运杂费等全部设备费;当电站、泵站同容量、同型号机组超过一台时,只计算一台的设备费。

(5)工器具及生产家具购置费。按占设备费的0.1%~0.2%计算。枢纽工程取下限,其他工程取中、上限。

9.3.4.5　科研勘测设计费

(1)工程科学研究试验费。按工程建安工作量的百分率计算。其中:枢纽工程和引水工程取0.7%,河道工程取0.3%。

灌溉田间工程一般不计此项费用。

(2)工程勘测设计费。项目建议书、可行性研究阶段的勘测设计费及报告编制费:执行相关规定。

初步设计、招标设计及施工图设计阶段的勘测设计费:执行相关规定。

应根据所完成相应勘测设计工作阶段确定工程勘测设计费,未发生的工作阶段不计相应阶段勘测设计费。

9.3.4.6　其他

(1)工程保险费。按工程一至四部分投资合计的4.5‰~5.0‰计算,田间工程原则上不计此项费用。

(2)其他税费。按国家有关规定计取。

参 考 文 献

[1] 国家能源局. 碾压式土石坝施工规范:DL/T 5129—2013[S]. 北京:中国电力出版社,2014.
[2] 梁建林,闫国新,吴伟,等. 水利水电工程施工项目管理实务[M]. 郑州:黄河水利出版社,2015.
[3] 李炜. 水力计算手册[M]. 北京:中国水利水电出版社,2006.
[4] 闫国新. 水利水电工程施工技术[M]. 郑州:黄河水利出版社,2020.
[5] 中华人民共和国水利部. 水利水电工程等级划分及洪水标准:SL 252—2017[S]. 北京:中国水利水电出版社,2017.
[6] 中华人民共和国水利部. 水利水电工程施工组织设计规范:SL 303—2017[S]. 北京:中国水利水电出版社,2017.
[7] 张梦宇,曾伟敏,吕桂军,等. 水利工程造价与招投标[M]. 北京:中国水利水电出版社,2017.